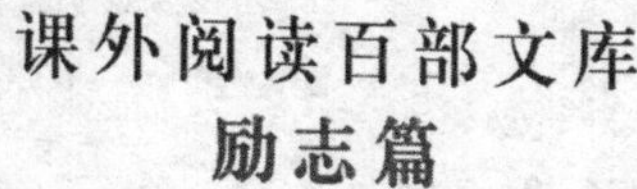

课外阅读百部文库

励志篇

因为努力，所以杰出

青 影◎编著

广西美术出版社

图书在版编目(CIP)数据

因为努力,所以杰出 / 青影编著. — 南宁 : 广西美术出版社, 2013.1

ISBN 978-7-5494-0726-2

Ⅰ.①因… Ⅱ.①青… Ⅲ.①成功心理-少年读物 Ⅳ.①B848.4-49

中国版本图书馆 CIP 数据核字(2013)第 005335 号

书　　名: 因为努力,所以杰出
编　　著: 青　影
图书策划: 何庆军　梁　毅　陈先卓
责任编辑: 马　琳
排版制作: 腾飞文化
责任校对: 邓　利　付晓强
审　　读: 陈宇虹
出 版 人: 蓝小星
终　　审: 黄宗湖
出版发行: 广西美术出版社
地　　址: 南宁市望园路 9 号
邮　　编: 530022
网　　址: www.gxfinearts.com
印　　刷: 北京潮河印刷有限公司
版　　次: 2013 年 1 月第 1 版
印　　次: 2017 年 1 月第 2 次印刷
开　　本: 1/16
印　　张: 12
书　　号: ISBN 978-7-5494-0726-2/B · 4
定　　价: 24. 00 元

前 言

作为一名新时代的年轻人，若没有高远的志向、坚韧不拔的意志、行走社会的经验、承受挫折和磨难的能力，辉煌便遥遥无期。千百年来，励志的话题一直激励着无数人走向高处。您是否还记得那句出自《周易》的励志名言："天行健，君子以自强不息。"

剖析英雄们的昨日，我们不难发现他们都是从一名名凡人而升华为某一领域的巨人。从英雄们走过的路上，我们可以看到他们那丰盈的内心、阳光的态度、不懈的追求……他们在与磨难的决斗中，牢牢屹立在一个令人仰止的点上。

美国第34任总统艾森豪威尔，他年轻时常常与家人玩纸牌游戏。有一天，他像往常一样和家人打牌。这一次，他的运气非常糟糕，每次抓到手里的牌都使他异常愤怒。刚开始，他不停地抱怨，后来他忍无可忍发起了脾气。

母亲皱起眉头教训他说："既然要打牌，你就必须用手中的牌打下去，不管牌是好是坏。哪有那么多好运气永远属于你啊！"

艾森豪威尔依旧无法接受，一副心不甘情不愿的面孔。母亲接着说："人生和打牌一样，上帝发给我们的牌就在手中。不管你的牌是幸运的，还是糟糕的，你都必须去面对。拿到牌之后，你能做的就是让浮躁的心情平静下来，然后认真对待，把自己的牌打好，力争达到最好的效果。这样对待自己的人生才有意义！"

艾森豪威尔恍然大悟，他开始调整心态，用心打牌。母亲的这句话深深影响了艾森豪威尔的一生，就这样，他一步一个脚印地向前迈进，成为中校、盟军统帅，最后登上了美国总统之位。抱怨的人生是难以找到出路的，只有不断地丰盈自我，不断地调整自我，不断地前进，才能到达目的地。

这是一本弘扬理想、激励人生、引导人们积极向上的书籍，愿这里的每篇文章似暖暖春风，在你的心田徐徐吹拂，在你的人生道路上渗入生命的每个脚步，让你的心灵获得全新的洗礼，在品味中得到智慧启迪和愉悦感悟，认清人生真正的价值和快乐，创造出斑斓的五彩人生！

目　录

第一章　为自己播下希望的种子

第二章　挖掘自己的积极情绪

第三章　永远不能停住脚步

第四章　发出自己的声音

第五章　向着梦想前进

第六章　让全世界都给你让路

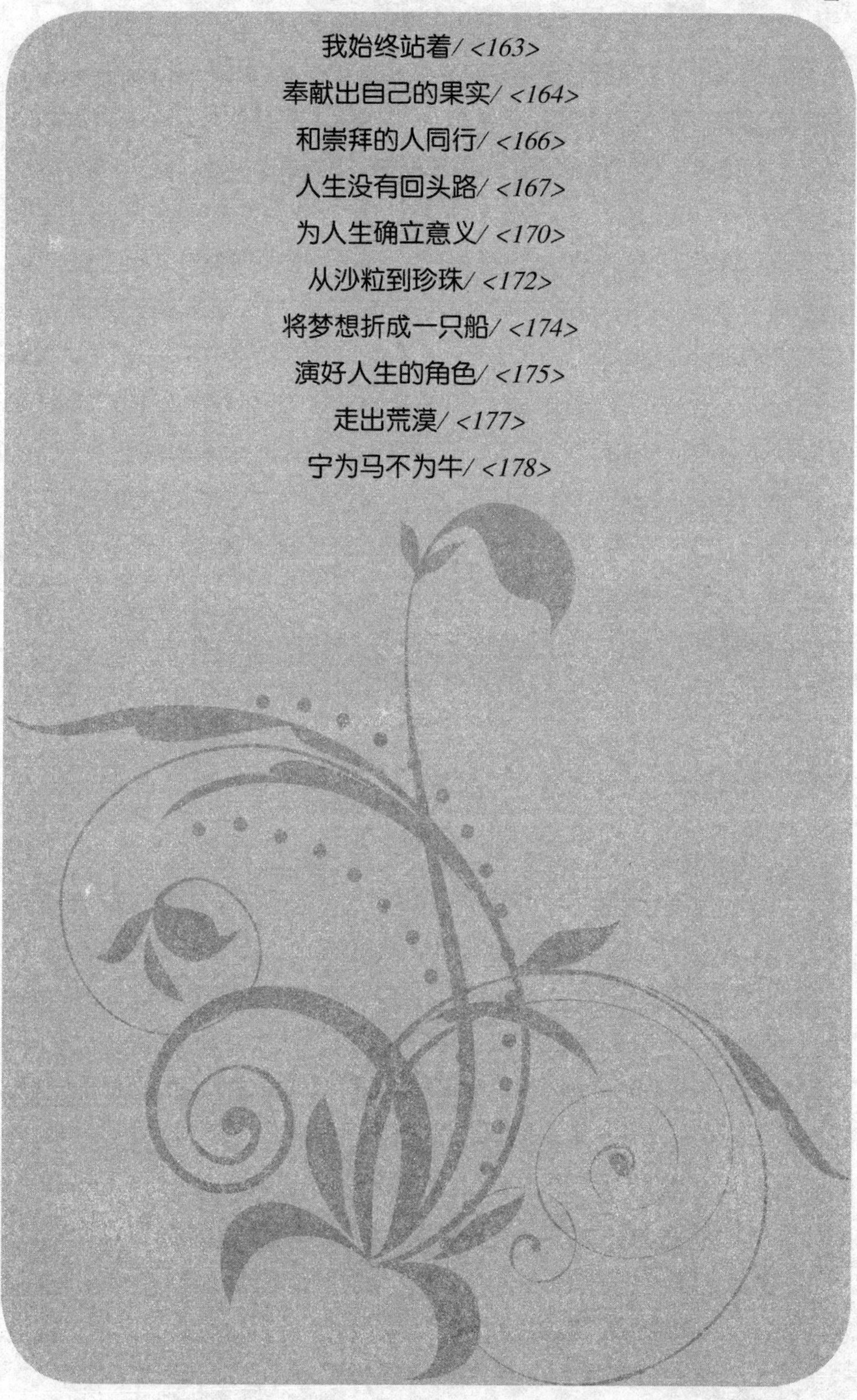

第一章

为自己播下希望的种子

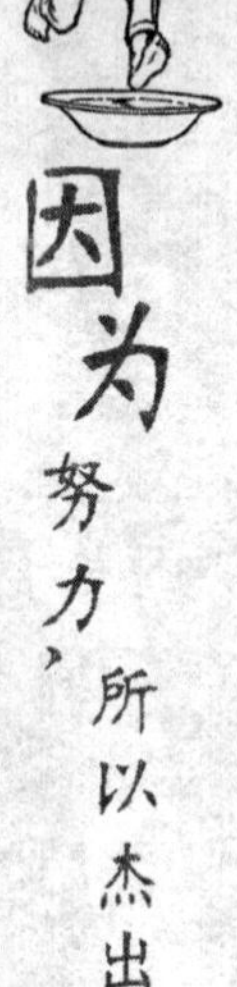

希望的播种

王秀娟

小时候，克奇尔每年夏天都要随父母去内布拉斯加的爷爷那里。

克奇尔记忆中的爷爷是佝偻着身子，瘸了腿的老人。听爸爸说，爷爷年轻时很英俊，也很能干，他做过教师，26岁时就被当选为州议员了，正在事业如日中天的时候，他患了病——严重的中风。

宽阔的原野，高高的草垛，哞哞的牛声，脆脆的鸟鸣，使克奇尔流连忘返。

“爷爷，我长大了也要来农场种庄稼。”一天早上，克奇尔兴致勃勃地说出了他的愿望。

“那，你想种什么呢?”爷爷笑了。

“种西瓜。”

“唔，”爷爷棕色的眼睛快活地眨了眨，“那么让我们赶快播种吧！”

克奇尔从邻居玛丽姑姑家要来了5粒黑色的瓜子，取来了锄头。在一棵橡树下，爷爷和克奇尔翻松了泥土，然后把西瓜籽撒下去。做完这一切，爷爷说：“接下来就是等待了。”

当时克奇尔并不懂“等待”是怎么回事。那个下午，克奇尔不知跑了多少趟——去看看他的西瓜地，也不知为此浇了多少次水，把西瓜地都变成了一片泥浆。直到傍晚，却连西瓜苗的影子也没见到。

晚餐桌上，克奇尔问爷爷：“我都等了整整一下午了，还得等多久?”

第二天早晨，克奇尔一醒来就往瓜地跑。咦！一个大大的、滚圆滚圆的西瓜正瞅着他笑呢！克奇尔兴奋极了——他种出世界上最大的西瓜了！

稍大些，克奇尔知道这个西瓜是爷爷从家里搬到瓜地里的。尽管这样，克奇尔却不认为那是一种游戏，而是慈爱的爷爷哄骗孙子的把戏，那是在一个不懂事的孩子心中适时播下的一颗希望的种子。

如今，克奇尔已有了自己的孩子，事业上也有所成就。而克奇尔觉得自己乐天的性情与成功的生活是爷爷为他在橡树底下播的种子长成的——爷爷本来可以告诉他，在内布拉斯加州种不了西瓜，八月中旬也不是种瓜的时节，而且树荫下边也不宜种瓜……但是他没有这么做，而是让克奇尔实地体验了“希望”与“成功”的滋味儿。

我们要让自己的希望永远生长在沃土中，不断地成长，不要因为任何小事而放弃最纯真的梦想。

学会给自己一面心灵的旗帜

丁　洁

人的一生，就像一趟旅行，沿途有数不尽的坎坷泥泞，但也有看不完的春花秋月。如果我们的一颗心总是被灰暗的风尘所覆盖，干涸了心泉、黯淡了目光、失去了生机、丧失了斗志，我们的人生轨迹岂能美好？而如果我们给自己一面心灵的旗帜，保持一种健康向上的心态，即使我们身处逆境，四面楚歌，也一定能看到未来的美景。

有两个重病人同住在一家大医院的小病房里。房子很小，只有一扇窗子可以看见外面的世界。其中一个病人的床靠着窗，他每天下午可以在床上坐一个小时；另外一个人则终日都得躺在床上。

靠窗的病人每次坐起来的时候，都会描绘窗外的景致给另一个人听。从窗口可以看到公园的湖，湖内有鸭子和天鹅，孩子们在那儿撒面包片，放模型船，年轻的恋人在树下携手散步，在鲜花盛开、绿草如茵的地方，人们玩球嬉戏，后头一排树顶上则是美丽的天空。

另一个人倾听着，享受着每一分钟。他听见一个孩子差点跌到湖里，一个美丽的女孩穿着漂亮的夏装……朋友的诉说几乎使他感觉到自己亲眼目睹了外面发生的一切。

在一个天气晴朗的午后，他心想：为什么睡在窗边的人有可以独享外头景色的权利呢？为什么我没有这样的机会？他觉得不是滋味，他越是这么想，就越想换位子。他一定得换才行！这天夜里，他盯着天花板想着自己的心事，另一个人忽然惊醒了，拼命地咳嗽，一直想用手按铃叫护士进来。但这个人却只是旁观而没有帮忙——他感到同伴的呼吸渐渐停止了。第二天早上，护士来时那人已经死了，他的尸体被静静地抬走了。

过了一段时间，这人开口问，他是否能换到靠窗户的那张床上。他们搬动他，将他换到了那张床上，他感觉很满意。人们走后，他用肘撑起自己，吃力地往窗外望……窗外只有一堵空白的墙。

如果他不起恶念，在晚上按铃帮助另一个人，他还可以听到美妙的窗外故事。可是现在一切都晚了，他看到的是什么呢？不仅是自己心灵的丑恶，还有窗外一无所有的白墙。几天之后，他在自责和忧郁中死去。

一个人只有心存美的意象，才能看到窗外的美景。命运对每一个人都是公平的，窗外有土也有星，就看你能不能磨砺一颗坚强的心、一双智慧的眼，透过岁月的风尘寻觅到辉煌灿烂的星星。

摆正自己的心态，一个心存美好的人，才会活得快乐、幸福，才会感到阳光灿烂、春光明媚，才能放松身心、享受人生。

接受最真实的自己

史婵娟

纪伯伦在其作品里讲了一只狐狸觅食的故事:狐狸欣赏着自己在晨曦中的身影说:“今天我要用一只骆驼作午餐呢!”整个上午,它奔波着,寻找骆驼。但当正午的太阳照在它的头顶上时,它再次看了一眼自己的身影,于是说:“一只老鼠也就够了。”狐狸之所以犯了两次截然不同的错误,与它选择“晨曦”和“正午的阳光”作为镜子有关。晨曦不负责任地拉长了它的身影,使它错误地认为自己就是万兽之王,并且力大无穷无所不能,而正午的阳光又让它对着自己已缩小了的身影忍不住妄自菲薄。

大师笔下的这只狐狸在我们现实生活中大有人在。对自己认识不足,过分强调某种能力或者无根无据承认自己无能。在这种情况下,千万别忘记了上帝为我们准备的另外一块镜子,这块镜子就是“反躬自省”4 个字,它可以照见落在心灵上的尘埃,提醒我们“时时勤拂拭”,使我们认识并接受真实的自己。

尼采曾经说过:“聪明的人只要能认识自己,便什么也不会失去。”正确认识自己,才能使自己充满自信,才能使人生的航船不迷失方向。正确认识自己,才能正确确定人生的奋斗目标。只有有了正确的人生目标,并充满自信,为之奋斗终生,才能此生无憾,即使不成功,自己也会无怨无悔。

世界上没有两片完全相同的树叶,人也一样,每个人都是上帝的宠儿。正确认识自己,既看到自己的长处,也认识到自己的不足,给自己正确定位,这样才能自信地迎接机遇和挑战,给自己创造更多的成功和欢乐。虽然,生活赋予我们每个人的并不是完全相同的阳光雨露,但上帝是无私的,天生我材必有用,只要我们正确认识自己,不失自知之明,就能谱写属于自己的人生华美乐章。

正确认识自己，要给自己正确定位。美国汽车大王福特小时候在农场中干活，他从小就坚信自己能成为一个出色的机械师。他没有听从父亲的安排，在农场当助手，而是把时间花在了自己喜欢的机械师训练上。他曾经花了两年时间去研究蒸汽机原理，试图实现自己的梦想。后来他又投入汽油机研究，每天花大量时间来从事这方面工作，不顾别人的劝阻与嘲讽。他的创意终于得到发明家爱迪生的赏识，邀请他到底特律担任工程师。这正给予了他实现自己人生定位的绝好机会。经过十年努力，在他29岁时，福特终于成功地制造出第一部汽车引擎。现在，底特律成为美国最大的工业城市之一，而福特也成为家喻户晓的汽车大王。他终于实现了自己的梦想。福特的成功，不能不归功于他正确的定位和不懈的努力。

正确认识自己，才能最大限度地发挥自己的才能，才能谱写出更多的辉煌，才能获得更大的成功与快乐。

快乐其实是如此简单

张婧妹

过去有个大富翁，家有良田万顷，身边妻妾成群，可日子过得并不开心。而挨着他家高墙的外面，住着一户穷铁匠，夫妻俩整天有说有笑，日子过得很开心。

一天，富翁小老婆听见隔壁夫妻唱歌，便对富翁说："我们虽然有万贯家产，还不如穷铁匠开心！"富翁想了想，笑着说："我能叫他们明天唱不出声来！"于是拿了家里的金条，从墙头扔了过去。打铁的夫妻俩在第二天扫院子时发现不明不白的金条，心里又高兴又紧张，为了这两根金条，他们连铁匠炉子上的活也丢下不干了。男的说："咱们用金条买些好田地。"女的说：

“不行！金条让人发现，会怀疑我们是偷来的。”男的说：“你先把金条藏在炕洞里。”女的摇头说：“藏在炕洞里会被贼娃子偷去。”他俩商量来讨论去，谁也想不出好办法。从此，夫妻俩吃饭不香，觉也睡不安稳，当然再也听不到他们的欢笑和歌声了。富翁对他小老婆说：“你看，他们不再说笑，不再唱歌了吧！”而富翁却因家里再也没有金条，不用防备盗贼，心里变得轻松起来，他们夫妻倒能每天都有好心情唱歌了。看，开心就是如此简单。

铁匠夫妻俩之所以失去了往日的开心，是因为得了不明不白的两根金条，为了这不义之财，他们既怕别人发现怀疑，又怕被人偷去，有了金条不知如何处置，所以终日寝食难安。

现实生活中也是如此，有些大款虽然守着一堆花花绿绿的票子，守着一幢豪华的洋房，守着一位貌合神离的天仙，但未必就能咀嚼出生活的真趣味。

开心不开心同样也不能用手中的“权”来衡量。有了权，未必就能天天开心。我们时常看到有些弄权者，为了保护自己的“乌纱帽”，处处阿谀逢迎，事事言听计从，失去了做人的尊严，哪里还有什么真正的开心？

俄国诗人涅克拉索夫的长诗《在俄罗斯，谁能幸福和快乐》，诗人找遍快乐，最终找到快乐的人竟然是枕锄瞌睡的农夫。是的，这位农夫有强壮的身体，能吃能喝能睡，从他打瞌睡的眉间和他打呼噜的声音中，无不飞扬和流露出由衷的开心。这位农夫为什么能开心？不外乎两个原因，一是知足常乐，二是劳动能给人带来快乐和开心。

法国杰出作家罗曼·罗兰说得好：“一个人快乐与否，决不依据获得了或失去了什么，而只能在于自身感觉怎样。”

有的人大富大贵，别人看他很幸福，可他自己身在福中不知福，心里老觉得不痛快；有的人，别人看他离幸福很远，他自己却时时与幸福邂逅。

有对下岗的年轻夫妇，在早市上摆个小摊，靠微薄的收入维持全家五口人的生活。这夫妇俩过去爱跳舞，现在没钱进舞厅，就在自家院子里打开收录机转悠起来。男的喜欢喂鸟，女的喜欢养花。下岗后，鸟笼里依旧传出悦耳动听的鸟鸣声；阳台上的花儿依旧鲜艳夺目。他俩下了岗，收入减少了许多，还乐个不停，邻居们都用惊异的目光看着他俩。

是的，我们虽然无法改变我们的境况，但我们可以改变自己的心态。你不能左右风的方向，但是可以操控自己的风帆。没了工作不要紧，但不能没有快乐，如果连快乐都失去了，那活着还有什么意义。因为快乐是人的天性的追求，开心是生命中最顽强、最执著的律动。

给予是快乐的源泉。所谓“给予”，它包含付出金钱、时间、兴趣或忠言，或者任何有你能给予他们，且对他们有利的东西。你的付出能帮助你发现自己。这项原则听起来很奇怪，但却是真的。付出最多的人，获得的也最多。

寻求人生乐趣的法则是：知道自己在生活中会遇到困难、悲伤和恶劣的情形，但深信自己可以克服它们。这种快乐是无价的，这便是我们先前提到的人生的快乐。

有时，一个又一个的打击可能会“打掉了你的生机和活力”。这句话很现实，你可能已如行尸走肉，不断的打击使你感到几乎穷途末路，你只能爬行，而不敢勇敢地站起来，以智慧和力量去解决困难。对于这样的懦夫来说，人生当然没有什么乐趣。失败总是让人不愉快。只有能应付人生中大大小小难题的人，才能得到更多的人生乐趣。安妮·谢尔太太就是采用积极心态，通过积极思维摆脱忧伤的一个很好的例证。

谢尔先生是当地一家著名宾馆的经理。几个月后，谢尔先生突然去世，而谢尔太太继续留在那家旅馆，在一位新来的经理手下以女主人的身份工作。没过多久，人们就发现她已经摆脱了悲伤情绪。她内心的平静很显然源于一种深深的力量。

朋友们都说：“你回去工作，使自己有事干是正确的决定。”

谢尔太太的回答却是包含着如何处理悲伤的不寻常的哲学：“事实上，我的心情能变好不是因为我回去工作。工作并非治疗剂，它只是麻醉剂，它只会使我对悲伤麻木，却不能治疗我的心病，是信仰让我完全康复的。”她的看法真是精辟：工作只能使人对悲伤感到麻木，却无法起任何治疗作用，唯有信仰能使人康复。当我们遭受巨大的心灵创伤的折磨时，我们当然不会真正感到快乐。

真正的快乐，不是用金钱和权势换来的，有钱有权的富贵们不一定人人都快乐，个个都会领略生活的乐趣。现代人越来越重视对金钱、权势的追求和物质的占有，殊不知金钱和权力固然可以换取许多享受的东西，可不一定能换取真正的快乐。因此，如何把握好适当的度相当重要。

让心灵过一种简单的生活

崔强强

简单是一种美，是一种朴实且散发着灵魂香味的美。

简单不是粗陋，不是做作，而是一种真正的大彻大悟之后的升华。

现代人的生活过得太复杂了，到处都充斥着金钱、功名、利欲的角逐，到处都充斥着新奇和时髦的事物。被这样复杂的生活所牵扯，我们能不疲惫吗？

梭罗有一句名言感人至深：“简单点儿，再简单点儿！奢侈与舒适的生活，实际上妨碍了人类的进步。”他发现，当他生活上的需要简化到最低限度时，生活反而更加充实。因为他已经无须为了满足那些不必要的欲望而使心神分散。

简单地做人，简单地生活，想想也没什么不好。金钱、功名、出人头地、飞黄腾达，当然是一种人生。但能在灯红酒绿、推杯换盏、斤斤计较、欲望和诱惑之外，不依附权势，不贪求金钱，心静如水，无怨无争，拥有一份简单的生活，不也是一种很惬意的人生吗？毕竟，你用不着挖空心思去追逐名利，用不着留意别人看你的眼神。没有锁链的心灵，快乐而自由，随心所欲，该哭就哭，想笑就笑，虽不能活得出人头地、风风光光，但这又有什么关系呢？！

生活未必都要轰轰烈烈，“云霞青松作我伴，一壶浊酒清淡心”，这种意境不是也很清静自然，像清澈的溪流一样富于诗意吗？生活在简单中自有简单的美好，这是生活在喧嚣中的人所渴求不到的。晋代的陶渊明似乎早已明了其中的真意，所以有诗云：“结庐在人境，而无车马喧。问君何能尔？心远地自偏。采菊东篱下，悠然见南山。山气日夕佳，飞鸟相与还。此中有真意，欲辨已忘言。”简单地生活其实是很迷人的：窗外云淡风轻，屋内香茶萦绕，一束插在牛奶瓶里的漂亮水仙，穿透洁净的耀眼阳光，美丽地开放着；在阳光灿烂的午后，你终于又来到了年轻时的山坡，放飞着童年时的风筝；落日的余晖之中，你静静地享受着夕阳下清心寡欲的快乐……

简单是美，是一种高品位的美。

在缤纷绚丽的大千世界里，让我们记住一个古老的真理：活得简单才能活得自由。

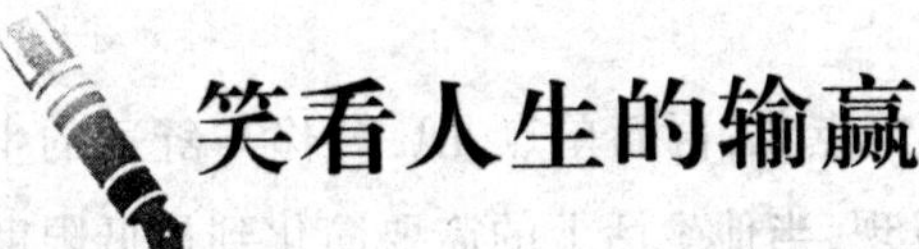

笑看人生的输赢

李广涛

生命有得到是正常的，有失去也是正常的，如果你紧紧抓住失去不放，得到就永远不会到来。放下失败，抓住成功，就可以让生命重放光彩。而这一切，需要你有一颗淡泊名利得失、笑看输赢成败之心。个性乐观的人对得失看得很淡，他们认为“得”是劳作的结果，无论劳心劳力，“得”都是心愿的实施，了得了心愿，却难免会失去追求。得到功名利禄的时候，满心喜悦，但同时也失去了沉思与警醒；得到婚姻的时候，爱情的光芒免不了黯淡；得到虚荣的时候，灵魂却在贬值；失去最爱的时候，便是得到永恒的寄托；失去依赖的时候，便得到人生必备的磨砺；失去憧憬的时候，便得到现实的选择。

人生就是一场游戏，有时你会赢，有时则会输。你应该训练自己掌握游戏的规则，这样你就会尽可能多地在游戏中获胜。两位工程师合作承担了一个研究项目，在项目即将完成时，做了一次试验，结果，出乎意外地失败了，他们从中发现了一些以前未曾遇见过的问题。面对挫折，一位工程师陷入了深深的自责之中，甚至怀疑自己是否还有完成这项研究项目的能力，而另一位工程师却为此感到欣慰：幸好现在及时发现了问题，这样就可以在这个项目投入实际运作时避免许多错误。

毫无疑问，只有抱着积极的心态，才能使你有勇气迎战突如其来的挫折，不被挫折所击垮。也只有这样，你才能从挫折中获取有益的经验和教训，继续走上成功的道路。

对得与失的认知，看似平淡，却折射出一种对人生使命的思考，对物质和精神关系的透彻理解。人的一生，就是得与失互相交织的一生。得中有失，失中有得，有所失才能有所得。一个人为了实现自己的人生目标，体现自己的人生价值，暂时放弃一些物质上的享受，去追求让更多的人过上舒适幸福的生活，这种精神不仅让人尊敬，而且那种目标达成后的精神愉悦，是一般人所体验不到的，是超越物质的更高层次的精神满足和享受。

人的情绪是一个定数，腾不出空间来快乐，就会腾出空间来忧伤，腾不出乐观的情绪，就会腾出悲观的情绪。

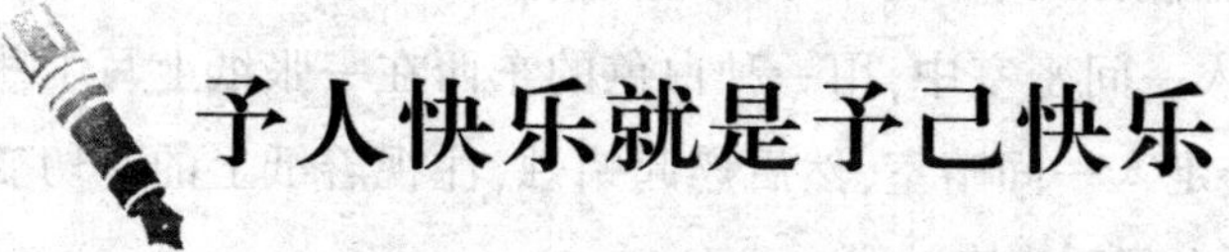

予人快乐就是予己快乐

李明海

英国《太阳报》曾以《什么样的人最快乐》为题，举办了一次有奖征答活动，从应征的8万多封来信中评出4个最佳答案：

1.作品刚刚完成，吹着口哨欣赏自己作品的艺术家。

2.正在用沙子筑城堡的儿童。

3.为婴儿洗澡的母亲。

4.千辛万苦开刀后，终于挽救了危重病人的外科医生。

要使自己成为快乐的人，从第一个答案中，我们知道必须工作，有工作，就会使人快乐；第二个答案告诉我们，要学会快乐，就必须充满想象，对未来充满希望；第三个答案告诉我们，要学会快乐，一定要心中有爱，那种无私的、不计报酬的爱；第四个答案告诉我们，要学会快乐，一定要有能力，要有助人为乐的技能。只有这样的人，世人才会给他最美妙的报偿，正所谓予人快乐就是予己快乐。

给予是快乐的源泉，为别人带来快乐的同时，我们自己也会处于快乐的包围之中。快乐是可以分享的，你给别人带来了快乐，你分享给别人的东西越多，你获得的东西就会越多。你把幸福分给别人，你的幸福就会更多。但是，如果你把痛苦和不幸分给别人，那你得到的也只能是痛苦和不幸。在生活中，如果你每天以一张愁眉苦脸待人，那别人也会以同样的面孔对你，那么你看到的是更多的愁容；相反，如果你以笑脸相迎，你会看到更多的笑脸，你的快乐心情自然也就加倍了。

从前有个国王，非常疼爱他的儿子，总是想方设法满足儿子的一切要求。可即使这样，他的儿子却还是整天眉头紧锁，面带愁容。于是，国王便悬赏找寻能给儿子带来快乐之能士。

有一天，一个大魔术师来到王宫，对国王说有办法让王子快乐。国王很高兴地对他说："如果你能让王子快乐，我可以答应你的一切要求。"

魔术师把王子带入一间密室中，用一种白色的东西在一张纸上写了些什么交给王子，让王子走入一间暗室，然后燃起蜡烛，注视着纸上的一切变化，快乐的处方会在纸上显现出来。

王子遵照魔术师的吩咐而行，当他燃起蜡烛后，在烛光的映照下，他看见纸上那白色的字迹化作美丽的绿色字体：每天为别人做一件善事！王子按照这一处方，每天做一件好事，当他看见别人微笑着向他道谢时，他开心极了。很快，他就成了全国最快乐的人。

朋友，把你的快乐和幸福与别人分享吧，你分给别人的快乐越多，你获得的快乐也就越多。

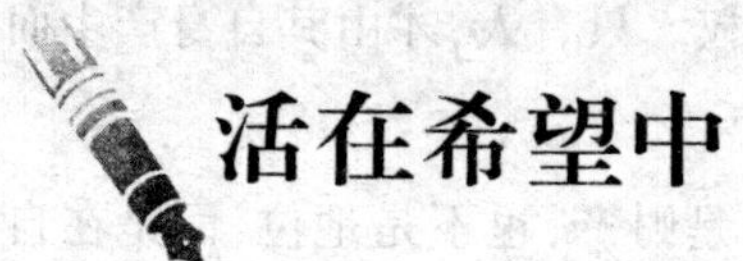

活在希望中

石立强

亚历山大大帝给希腊世界和东方、远东的世界带来了文化的融合,开辟了一直影响到现在的丝绸之路的丰饶世界。据说他投入了全部青春的活力,出发远征波斯之际,曾将他所有的财产分给了臣下。

为了登上征伐波斯的漫长征途,他必须买进种种军需品和粮食等物,为此他需要巨额的资金。尽管如此,他为了斩断一般将士都必然怀有的儿女私情,轻身出发,将所有的王室财产,从珍爱的财宝到他拥有的土地,几乎全部都给臣下分配光了。

群臣之一的庇尔狄迦斯深以为怪,便问亚历山大人帝说:

"陛下带什么启程呢?"

对此,亚历山大回答说:

"我只有一个财宝,那就是'希望'。"

据说,庇尔狄迦斯听了这个回答以后说:"那么请允许我们也来分享它吧。"

于是,他谢绝了分配给他的财产,而且臣下中的许多人也仿效了他的做法。

我的恩师,户田城圣创价学会第二代会长,经常向青年们说:"人生不能无希望,所有的人都是生活在希望当中的。假如真的有人是生活在无望的人生当中,那么他只能是败者。"人很容易遇到些许的失败或障碍,于是悲观失望,消沉下去。或在严酷的现实面前,失掉活下去的勇气;或恨怨他人,结果落得个唉声叹气、牢骚满腹。其实,身处逆境而不丢掉希望的人,肯定会打开一条活路,在内心里也会体会到真正的人生欢乐。

保持“希望”的人生是有力的，失掉“希望”的人生则通向失败之路。“希望”是人生的力量，在心里一直抱有美“梦”的人是幸福的。也可以说，抱有“希望”活下去，是只有人类才被赋予的特权。只有人，才由其自身产生面向未来的希望之“光”，才能创造自己的人生。

在走向人生这个征途中，最重要的既不是财产，也不是地位，而是在自己胸中像火焰一般熊熊燃起的一念，即“希望”。因为那种毫不计较得失、为了巨大希望而活下去的人，肯定会生出勇气，不以困难为事，肯定会激发出巨大的激情，开始闪烁出洞察现实的睿智之光。只有睿智之光与时俱增、终生怀有希望的人，才是具有最高信念的人，才会成为人生的胜利者。

生命是有限的，但希望是无限的。只要我们不忘每天给自己一个希望，我们就一定能够拥有一个丰富多彩的人生。

微笑面对人生

于志明

人生如变幻莫测的天空，瞬息阳光挥洒，白云悠扬，彩虹飞架；瞬息乌云密布，电闪雷鸣，风狂雨暴。

人生如一支优美动听的乐曲，一段高昂激荡，震天动地，促人警醒；一段浑厚低沉，婉转回肠，催人泪下。

人生如四季，春天鸟语花香，生机勃勃；夏天水清叶绿，骄阳似火；秋天金黄灿烂，馨香浓郁；冬天银装素裹，深沉睿智。

人生有喜有悲、有聚有散、有乐有苦、有得有失、有沉有浮、有爱有恨、有生有死。

为人夫者有丈夫的甜蜜和苦衷，为人妻者有妻子的幸福和辛酸，做父母的有父母的自慰和艰辛，做儿女的有儿女的骄傲和屈懑。从政者有官场上的得意和危机,经商者有商海的亨运和风险,农耕者有田园的安逸和艰难,治学者有纸墨的雅趣和清贫。

人生得意时,不可欣喜若狂,目空一切;人生失意时,切忌长吁短叹,自暴自弃。人生得意时,要珍惜生活,清醒头脑,不管别人阿谀奉承还是献媚恭维;人生失意时,要热爱生活,振作精神,不管别人指手画脚还是热讽冷嘲。

也许一个梦未圆,一个理想未能实现。来一次开怀畅饮,对月长歌又何妨?

笑对人生——相信生活不会亏待每一位热爱她的人。

生命的航船难免遇到险滩恶浪,如何驾驶生命的小舟,让它迎风破浪,驶向成功的彼岸,这需要你我的勇气,不管风吹浪打,胜似闲庭信步,以百折不挠的意志去面对困难,以一种平常心去面对挫折,自信天生我材必有用,相信你会从山重水复疑无路峰回路转至柳暗花明又一村的境地,迎接你的必将是山巅的无限风光。人生难免会有起伏,没有经历过失败的人生是不完整的人生。没有河床的冲刷,便没有钻石的璀璨;没有地壳的底蕴,便没有金子的辉煌;没有挫折的考验,也便没有不屈的人格。正因为有挫折,才有勇士与懦夫之分,愿你我都能做不屈的勇士。记住"天将降大任于斯人也,必先苦其心志,劳其筋骨,饿其体肤,空乏其身,行拂乱其所为,所以动心忍性,增益其所不能"。这便是磨难、逆境塑造人!人的一生,需要奋斗,唯有奋斗,才有成功!幸运的花环,只属于那些做好了准备的人。在奋斗中寻找乐趣,与天斗,其乐无穷。当你洒落的汗水结出丰硕果实的时候,你必然体会到成功的欣喜,从而树立自信,更加坚定地奋斗不息。

勉励自己关怀社会,有太多事情需要我们出手帮忙。很多人对别人不尊重、对事情不负责、对自己不要求、对物不珍惜、对神不感恩,遇到挫折情绪就翻腾——这是拿情绪惩罚自己、拿错误惩罚别人。告诉自己,挫折只是一件事,不能占据你的心,否则就是把快乐拒于门外;相对的,满心的都是快乐，挫折就进不来。

一张笑脸，一个真挚的眼神，一句知心的话，都会给处于困境中的人以莫大慰藉，可以融化他们心中的坚冰，鼓起生活的希望，增强生活的信心，让漂泊在黑暗之中的心灵小舟找到停泊点。

敞开你的心扉，用一颗心去拥抱生活，让灿烂的笑容荡漾在青春的脸庞上，微笑面对生活。

不要抱怨生活

郑林林

秋天的黄昏，比尔信步走向郊外。他发现秋天的足迹在乡村所烙下的景象远比城市美好。

在城市里，生活即使舒适，但有时仍感贫乏；工作即使忙碌，但有时也觉空虚。有快乐也有彷徨，有希望也有失望，总是难得如意。因此，寻访乡野便成为解决烦恼的一种途径。乡间，正是丰收的季节，田垄上堆着已收割的稻子，农人提着镰刀正将归去，他们松松斗笠，用颈上的毛巾擦着汗，然后嬉笑地走向冒着炊烟的家。

几个黑黝黝的乡童，用竹竿打着番石榴树上的果实，在溪水里清洗一下，便津津有味地吃起来。

比尔在溪边的一棵树旁坐下，皮鞋上沾满泥巴。一个鬓发已白的老农走过来和他搭讪。老者的态度淳朴而友善，使人不必存有丝毫顾忌。听了他的谈话，比尔更加羡慕乡村的生活了。

老农说："我们农夫感觉快乐，是因为我们能够适应田间的工作，而且喜欢它。"

比尔不禁自问：如果我到乡下长久生活，也能适应吗？我能忍受这风吹日晒？能放弃城市里一些现代的享受？能吃得消使手磨出茧的工作吗？

老农又说："我很乐观，我对生活从不曾抱怨过，我吃自己种的蔬菜和水果，觉得那是世上最好的食物。"

比尔似有所悟地点点头。

如果你不能适应生活，不能调整心态，你永远都会有烦恼。

我的处境并不算最糟糕的

刘爱红

有一则故事说，一个穷人与妻子、6个孩子，还有女儿女婿，共同生活在一间小木屋里，局促的居住条件让他感到活不下去了，便去找智者求救。他说："我们全家这么多人只有一间小木屋，整天争吵不休，我的精神快崩溃了，我的家简直是地狱，再这样下去，我就要死了。"智者说："你按我说的去做，情况会变得好一些。"穷人听了这话，当然是喜不自胜。智者听说穷人家还有一头奶牛、一只山羊和一群鸡，便说："我有让你解除困境的办法了，你回家去，把这些家畜带到屋里，与人一起生活。"穷人一听大为震惊，但他事先答应已按智者说的去做，只好依计而行。

过了一天，穷人满脸痛苦地找到智者说："你给我出的什么主意，事情比以前更糟，现在我家成了十足的地狱，我真的活不下去了，你得帮帮我。"智者平静地说："好吧，你回去把那些鸡赶出房间就好了。"过了一天，穷人又来了，他仍然痛不欲生，他哭诉说："那只山羊撕碎了我房间里的一切东西，它让我的生活如同噩梦。"智者温和地说："回去把山羊牵出屋就好了。"过了几天，穷人又来了，他还是那样痛苦，他说："那头奶牛把屋子搞成了牛棚，请你想想，人怎么可以与牲畜同处一室呢？""完全正确"，智者说，"赶快回家，把牛牵出屋去！"

故事的结局是这样的：过了半天，穷人找到智者，他是一路跑着来的，满脸红光，兴奋难抑，他拉住智者的手说：“谢谢你，智者，你又把甜蜜的生活给了我。现在所有的动物都出去了，屋子显得那么安静，那么宽敞，那么干净，你不知道，我是多么开心啊！”

一个人生活的幸福与否，从来没有一个恒定的标准，你的处境虽然很糟糕，但还不是最糟糕的，还没有到绝望的时候，需要你做的是调整你的心态，鼓起生活的信心，改变眼下的处境，至少，不要退到你已经见识过的比现在还糟糕的境地。

幸运并非没有恐惧和烦恼；厄运也绝非没有安慰和希望。

坦然面对

王丽丽

一支登山队在攀登一座雪山。

这是一座分外险峻的山峰，稍有不慎，他们就会从上面摔下去，粉身碎骨。

突然，队长一脚踩空，向下坠落。

他想发出一声临死前的悲呼，但是只要他一出声，准会有人受到惊吓，攀爬不稳，再掉下去！他咬紧牙关，硬忍着不发出一点声音来。

就这样，他无声无息地落到了万丈冰谷里。

亲眼目睹这一惨烈场面的只有一个队员。

本来，他是可以发出一声惊叫的，但是多年的经验使他明白，惊叫一声不仅不能救回队长，而且还会惊吓到其他队员，给全队带来灾害。

他像没事人一样继续向上攀登，每登一步，眼泪都会掉下来，打在雪上，登顶后大家才发觉队长不在了，他这时才把事情的真相说了出来。

大家什么都没有说。

这是世界上最优秀的一支登山队,因为它的队员能够坦然面对自己的死亡,也能坦然面对朋友的死亡。

他们不仅登上了自然的高峰,也登上了人性的高峰。

灾难是一个人的真正试金石。

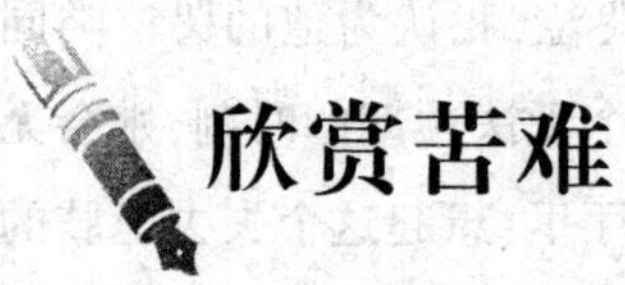

欣赏苦难

方修国

坐式排球,一种截肢者进行的体育比赛。只要看过一次,也许就终生难忘。

场地并不大,网栏也不高。比赛进行的时候,气氛是沉闷的。运动员表现好坏,并不是最重要的,重要的是他们能够坐在场内,在众目睽睽之下,以仅存的上肢进行一场凄美的搏击。

把苦难放在远处,我们可以看到诗意。如果把坐式排球放在远处,我们似乎也可以看到诗意。但现在,当一些失去下肢的人,给四肢健康的人表演时,让人感受的只能是疼痛。

我也喜欢把苦难放在远处,包括我自己。许多时候,我无法承受发生在自己身上的苦难。当时过境迁之后,我又是讴歌又是体悟。所以,遇到残疾人和在生活中遭受苦难的人,我总是以远远的目光去观察,而不愿去体味他们此刻正在遭受的痛苦。

有一个幼年失去上肢的人,他能挑百斤重担上山,即使一个健康的人也很难在山路上保持担子平衡,但是他能。

多年前一个起雾的早晨,在山路上,我偶遇了他。我抱着刚刚满一岁的外甥上山,他正挑着担,从我的身边超过。我在他的背后赞叹:“你真能干!”

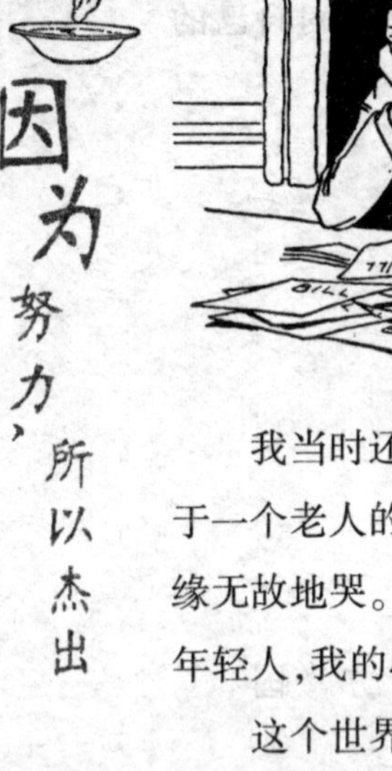

他长叹了一口气，不声不响，很快消失在山路上。

走到半山腰，我远远地见他在石墩上歇脚。有一种声音隐隐约约地传来，初听，似婴儿的呻吟，再听，又像夜晚中猫的悲鸣。再走近时，我呆在那里。

他在哭，一个人坐在空旷无人的山路上哭。

我当时还是不能以悲悯的目光去看待他的哭泣，我认为他的哭泣类同于一个老人的迎风流泪。譬如我的曾祖母，某一个无法预期的时刻，她会无缘无故地哭。但现在，我坐在充满城市喧嚣的客厅里，想起这个失去上肢的年轻人，我的心一阵阵抽搐。

这个世界最伟大的艺术是悲剧。只有悲剧才能在时光的长河中走得更远。但他们的大美只能游离于欣赏者之外，我们根本无法走近。但当悲剧就在我们身边，而且触手可及的时候，我们才明白，诗意，有时候就是人生最大的虚伪。

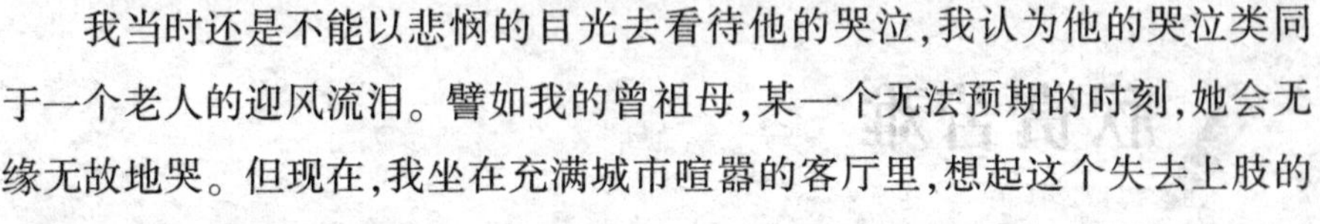

在何处都要学会微笑

孙小芳

如果你每天骑着单车上下班，回家后再到菜市场购物一番，之后做几盘可口的家常菜，和家人一起享受天伦之乐。庆幸吧，你平淡的生活充满着无比的幸福！

这个世界有太多的诱惑，因此有太多的欲望。一个人需要以清醒的心智和从容的步履走过岁月，他的精神中必定不能缺少淡泊。虽然我们渴望成功，渴望生命能在有生之年划过优美的轨迹，但我们更需要一种平平淡淡的快乐生活，一份实实在在的成功。这种成功，不必努力苛求轰轰烈烈，不一定要有那种揭天地之奥秘、救万民于水火的豪情。只是一份平平淡淡的追求，但这已足矣！

生活，并不是只有功和利。尽管我知道我们大家必须去奔波赚钱才可以生存，尽管我知道生活中有许多无奈和烦恼。然而，只要我们拥有一份淡泊之心，量力而行，从容而后捕，坦然自若地去追求属于自己的真实。能做到宠亦泰然，辱亦淡然，有也自然，无也自在，如淡月清风一样来去不觉，生活不是要轻松得多吗？

有了这份平淡的处世心态，你就会在简简单单的生活中快乐地生活。当你忙里偷闲与爱人、孩子一同去逛公园，去看场电影，去搞一次野炊时，我相信我们都会懂得，生活其实有很多内容。我们大可不必为了一个出国名额而彻夜不眠，大可不必为一次职位的晋升而寝食难安。在平日忙碌而充实的生活中，你忙使你有所收获；你岗位平凡但你乐在其中；你斗室而居，但衣食自足。你普通，普普通通如一颗草；你平凡，平平凡凡如一朵花。但你同样可以骄傲，默默绽放的花朵也会芳香怡人！

也许，你没有辉煌的业绩可以炫耀，没有大把的钞票可以挥霍，但你拥有淡泊，这便是人生求之难得的幸福了。诸葛亮《戒子篇》有言："非淡泊无以明志，非宁静无以致远。"淡泊是一种真我，是英雄本色。追求淡泊者，生活的道路上永远开满鲜花，永远芳香四溢；追求名利者，生活的道路上会遍布陷阱，只能在生命终结的一刹那体会到稍纵即逝的一丝快乐。

人生的大戏不可能永远处于高潮，平平淡淡才是真，拥有淡泊之心，便能拨云见日，体会到生活的真正内涵，否则，只能在生活的边缘徘徊，只能是舍本逐末。

朋友，学会淡泊吧，在人生的大道上迈出自信与豪迈的步伐，让心灵回归到本真状态，从而获得心灵的充实、丰富、自由、纯净。

坦然面对自己的人生境遇

王漫漫

有一项调查表明，95%的都市人都有或多或少的自卑感，在一生之中几乎所有人都会有怀疑自己的时候，感到自己的境况不如别人。

这是为什么呢？潜藏在人心中的好胜心理、攀比心理是这一问题的根源。我们总把他人当做超越的对象，总希望过得比别人好，总拿别人当参照物，似乎没有别人便感觉不到自身存在的价值。于是乎，工作上要和同事比，比工资，比资格，比权力……生活上要和邻居比，比住房，比穿着，比老婆，就连孩子也不能放过，也成了比的牺牲品，“我的孩子班里学习第一名，比你的儿子强”，洋洋得意者说。既然是比，自然要比出个高下，比别人强者，趾高气扬，夜郎自大；不如别人者便想着法子超过他，实在超不过便拉别人后腿，连后腿也拉不住者便要承受自卑心理的煎熬。

如果我们能持一种积极的态度去和别人比较，不如别人时便积极进取，争取更上一层楼；比别人强时便谦虚谨慎，乐观待人，岂不更好？

事实上，天外有天，人外有人，我们不可能在任何方面都比别人强，胜过别人。太要强的人，一味和比自己强的人比，结果由于心灵的弦绷得太紧了，损耗精神，很难有大的作为。雨果在《悲惨世界》中说：“全人类的充沛精力要是都集中在一个人的头颅里，全世界要是都聚集于一个人的脑子里，那种状况，如果延续下去，就会是文明的末日。”俗话说：“闻 道有先后，术业有专攻。”每一个人都有自己的特长，也都有自己的短处，一个人只要在自己从事的专业领域中有所成就便不虚此生，千万不要看到别人的一点长处就失去心理平衡。每一个人把自己做好是最重要的，最好不要与别人比高低，比大小。每一个人在这个世界上都具有独一无二的价值，就像人的手指，有大有小，有长有短，它们各有各的用处，各有各的美丽，你能说大拇指就比小拇指好吗？

一味和别人比是件不聪明的事，因为即便胜过别人，又会有“枪打出头鸟，出头的椽子先烂”的危险。古人云：“步步占先者，必有人以挤之。事事争胜者，必有人以挫之。”生活中也确实是这样，如果一个人太冒尖，在各方面胜过别人，就容易遭到他人的嫉妒和攻击，而与世无争者反而不会树敌，容易遭人同情，所以说“人胜我无害，我胜人非福”。

其实，最好的处世哲学还是不与人比，做好你自己，每个人都有自己的生活方式，有自己存在的价值和理由，为什么要和别人比呢？如果心里难受，实在要比的话，倒不如把自己当做竞争对手，和自己的昨天比，今天和昨天比，明天和今天比，一天比一天充实，一年比一年长进，这样既不会沾惹是非恩怨，自己还能更上一层楼，岂非自求多福？当然，比也并非是有百害而无一利，它在形成竞争、推进社会前进中有不可磨灭的作用。现代社会是一个竞争的社会，如果大家都不争先，都去争“后”，那么社会如何发展进步呢？

乐观面对自己的前途

李晓颖

人生如同一只在大海中航行的帆船，掌握帆船航向与命运的舵手便是自己。有的帆船能够乘风破浪，逆水行舟，而有的却经不住风浪的考验，过早地离开大海，或是被大海无情地吞噬。

之所以会有如此大的差别，不在别的，而是因为舵手对待生活的态度不同。前者被乐观主宰，即使在浪尖上也不忘微笑；后者是悲观的信徒，即使起一点风也会让他们胆战心惊，让他们祈祷好几天。一个人或是面对生活闲庭信步，抑或是消极被动地忍受人生的凄风苦雨，都取决于对待生活的态度，态度决定命运，态度决定人生。

生活如同一面镜子，你对它笑，它就对你笑；你对它哭，它也以哭脸相示。持有什么样的心态，也就决定拥有什么样的人生结局。

悲观主义者说："人活着，就有问题，就要受苦；有了问题，就有可能陷入不幸。"即使一点点的挫折，他们也会生出千种愁绪、万般痛苦，认为自己是天下最苦命的人。如英国哲学家罗素所形容的"不幸的人总自傲着自己是不幸的"。悲观主义者用不幸、痛苦、悲伤做成一间屋子，然后请自己钻了进去，并大声对外界喊着："我是最不幸的人。"因为自感不幸，他们内心便失去了宁静，于是不平、羡慕、嫉妒、虚荣、自卑等悲观消极的情绪应运而生。是他们自己抛弃了快乐与幸福，是他们自己一叶障目，视快乐与幸福而不见。

乐观主义者说："人活着，就有希望；有了希望就能获得幸福。"他们能于平淡无奇的生活中品尝到甘甜，因而快乐如清泉，时刻滋润着他们的心田。

任何事物本身都没有快乐和痛苦之分，快乐和痛苦是我们对它的感受，是我们赋予它的特征。同一件事情，从不同角度去看待，就会有不同的感受。一个人快乐与否，不在于他处于何种境地，而在于他是否持有一颗乐观的心。

对于同一轮明月，在泪眼朦胧的柳永那里就是："杨柳岸，晓风残月，此去经年，应是良辰美景虚设。"而到了潇洒飘逸、意气风发的苏轼那里，便又成为："但愿人长久，千里共婵娟。"同是一轮明月，在持不同心态的不同人眼里，便是不同的，人生也是如此。

上天不会给我们快乐，也不会给我们痛苦，它只会给我们生活的作料，调出什么味道的人生，那只能在我们自己。你可以选择一个快乐的角度去看待它，也可以选择一个痛苦的角度，如同做饭一样，你可以做成苦的，也可以做成甜的。所以，你的生活是笑声不断，还是愁容满面，是披荆斩棘，勇往直前，还是缩手缩脚,停滞不前,这全不在他人,都在你自己。

朋友,乐观是一个指南针,让你驶向成功的彼岸,阔步前进;乐观是一剂良药,可以医治苦难的伤痛。为了美好的人生,请让乐观主宰你自己!

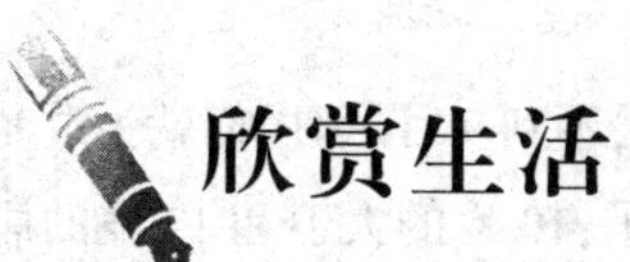

欣赏生活

林津苇

在亚里桑那沙漠过第一个夏天时,斯蒂芬想自己会被热死的。华氏112度的高温快把人给烤熟了。

第二年4月,斯蒂芬就开始为过夏天担忧,3个月的地狱生活又要来了。有一天,当他在凤凰城的一个加油站给车加油时,和主人希普森先生聊起了这里可怕的夏天。

“哈哈,你不能这样为夏天担忧,”希普森先生善意地责备斯蒂芬,“对炎热的害怕只能使夏天开始得更早,结束得更晚。”

当斯蒂芬付钱时,他才意识到希普森先生说得对。在自己的感觉中,夏天不是已经来了吗?开始了它为期5个月的肆虐。

“像迎接一个惊人的喜讯那样对待酷暑的来临,”希普森先生说着找给斯蒂芬零钱,“千万别错过夏天带给我们的最美好的礼物,而夏天的种种不适只要躲在装有空调的房间里就很快过去了。”

“夏天还有最美好的礼物?”斯蒂芬急切地问。

“你从不在清晨五六点起床。我发誓,6月的黎明,整个天际挂着漂亮的玫瑰红,就像少女羞红的脸。8月的夜晚,满天繁星就像深蓝色的海洋里漂浮的海星。一个人只有当他在华氏114度的高温里跳进水里,他才能真正体会到游泳的乐趣!”当希普森先生去给另一辆车加油时,站在一旁的一位加油工轻声对斯蒂芬说:“好啊!你得到了希普森的特别服务——免费为你传授他的人生哲学。”

使斯蒂芬惊奇的是，希普森先生的话果然有效。他不怕夏天了，4 月和 5 月也就自动与炎炎夏季区分开了。当高温天气真的到来时，清晨，斯蒂芬在天堂般的凉爽中修剪玫瑰花；下午，他和孩子们舒舒服服地在家里睡觉；晚上，他们在院子里玩棒球游戏，做冰激凌吃，痛快极了。整个夏天，他还欣赏了沙漠日出特有的壮观景象。

几年之后，斯蒂芬一家搬到北部的克来兰德，不到 9 月，邻居们就为过冬担忧了。当 12 月的大雪真的落下时，他们的孩子，10 岁的大卫和 12 岁的唐真是兴奋极了，他们忙活着滚雪球，邻居们都站在一旁盯着看“这两个从没见过雪的愣头愣脑的沙漠小子”。

后来孩子们坐着雪橇上山滑雪，去湖面滑冰，回来以后，大人、小孩都围坐在斯蒂芬家的壁炉旁，津津有味地吃热巧克力。

一天下午，一位中年邻居感慨地说：“多年来，雪只是我们铲除的对象，我都忘了它还能带给我们这么多快乐呢！”

几年之后，他们又搬回沙漠。斯蒂芬开车到加油站，新主人告诉他希普森先生因年事已高把加油站卖了，在不远处又经营了一个小型加油站。

斯蒂芬开车到那儿，拜访希普森先生，并让他给自己加油。他显得更瘦了，满头银发，但是他那愉快的笑容依旧。斯蒂芬问他感觉怎么样。

“我一点儿也不担心变老，”他说着从车篷下走出来，“在这里只欣赏生活的美都欣赏不过来呢！”

他边擦手边说：“我们有 3 棵果实累累的桃树，卧室窗外还有一个蜂鸟窝，想想还没有我指头大的美丽的小鸟，看上去真像一只小企鹅。”

他开着发票，继续说：“黄昏时，长耳大野兔奔跑跳跃；月亮升起来时，小狼在山坡上成群出现。我从来没有看到有这么多野生动物在春天活动。”斯蒂芬开车离开时，他向斯蒂芬喊到：“去观赏吧！”

回家的路上，希普森这位可爱的老人的幸福秘诀一直回荡在斯蒂芬的脑际。是呀，尽管生活会给人带来种种烦恼，但重要的是，你要学会发现和欣赏生活中的美。

活着其实很简单

潘慧鹏

那一年，我患上了一种怪病，身体一天天虚弱下去，头发愈见稀少，却一直找不出原因。在医生越来越“暧昧”的态度中，我一天一天憔悴下去，我觉得自己已经到了崩溃的边缘。

我吵着要独自去海南岛，男朋友沉默良久，最后拿出他的大部分积蓄，唯一的条件就是要陪着我去。

出发之前他打点好一切，并准备了大量的胶卷，我却没有一丝一毫的兴致。我只希望在看到我今生念念不忘的大海之后，在海水中了结我这无聊的生命。

我出生在一个放眼全是山的地方，我余生最大的愿望就是看看大海。到海南岛的第三天下午，我到了三亚。汽车一直向南驶去，天渐渐地转蓝，太阳变本加厉地酷热起来，导游说前面就是天涯海角了。早已看过无数次大海的男朋友为我而兴奋起来，努力地要提高我的兴致。他并不知道，见到海，我的生命就要画上句号了。

而他早已习惯了我并不需要理由的冷漠，拉着我下了车。酷热的太阳火辣辣地直射下来，一时间，我被晒得头脑发晕。然而强光之下，一片广阔的水吸引了我。那就是海吗？无边无际，带着一种不容置疑的气魄。不远处的一些小山、小岛，还有我眼前大片沙滩和来来往往的游人，都只是一种渺小的点缀而已。男友要我站在沙滩上照相，我背对着镜头，他照下了我的动作，我的背影。我的双眼因刺眼的阳光而无法睁开，在 39 摄氏度的海滩上，在穿梭来往的人群中，我的心却一片冰冷。

那晚住在海边。深夜，估计他已入睡之后，我独自来到了沙滩上。海滨上寒气逼人，海风吹得我全身都凉透了。我不能迟疑，我催促自己。一只脚试探着伸进水里，我发现海水并不是想象中那么冷，于是我慢慢向深处走去。

海水漫到了大腿，就要淹没我的短裙。这时我才感觉到寒气彻骨，接连打了好几个寒噤。一阵尖锐的恐惧随着凉意弥漫上来，我的心缩成了一团。我想退却了，然而那些忍苦捱痛的日子又浮上心来。不！我在心中尖叫着，抗拒着屈服。继续走进去的胆量却小了，我立在水里，进退两难。海水深处一片漆黑，白天那种壮观与庞大全没有了，有的只是吞没一切的黑暗，显出神秘的狰狞。那黑暗像怪兽一样把我吞噬了进去，刹那间，我只觉得一阵恐慌，不假思索地向岸上走去。

上了岸，海风徐徐吹来，我虚弱得差点倒在沙滩上。这时，一双手扶住了我，我惊惧地抬起头，借着马路隐约的灯光，看到那人是我的男友。他的脸抽搐着，像要哭出来似的。接着他便把我紧紧地贴在胸前，一动不动。我们都沉默了，这段时间似乎很长，长得我差点睡去。

从死亡的边缘挣扎回来，我像虚脱似的疲惫。突然，一阵抽泣惊得我醒了过来，一摸他的脸，湿漉漉的，我的心也跟着软了下来，开始感觉到他的痛楚。只听他说："我不敢叫你，唯恐你不顾一切跑进去，我只能看着你，等着你回来……"

后来他告诉我，那几分钟的等待，仿佛一个夜晚、一个世纪那么长。还说，如果我真的走进去了，如果他救不了我，就干脆……我不让他再说下去。就在那个漆黑的夜里，我明白了，活着原来就是为了那一个等待着我上岸的人。

活着其实很简单，就是为了那一个等待着自己上岸的人。

用心感受生命

王玉峰

一位得知自己将不久于人世的老先生在日记簿上记下了这段文字：

“如果我可以从头活一次，我要尝试更多的错误。我不会再事事追求完美。”

“我情愿多休息，随遇而安，处世糊涂一点，不对将要发生的事处心积虑计算着。其实人世间有什么事情需要斤斤计较呢？”

“可以的话，我会多去旅行，跋山涉水，更危险的地方也不怕去一去。以前我不敢吃冰激凌，是怕对健康不利，此刻我是多么地后悔。过去的日子，我实在活得太小心，每一分每一秒都不容有失。太过清醒明白，太过清醒合理。”

“如果一切可以重新开始，我会什么也不准备就上街，甚至连纸巾也不带一块，我会用心享受每一分、每一秒。如果可以重来，我会赤足走在户外，甚至整夜不眠，用这个身体好好地感受世界的美丽与和谐。还有，我会去游乐园多玩几圈木马，多看几次日出，和公园里的小朋友们玩耍。”

“如果人生可以从头开始……但我知道，不可能了。”

用心感受生命，珍惜活着的感觉。

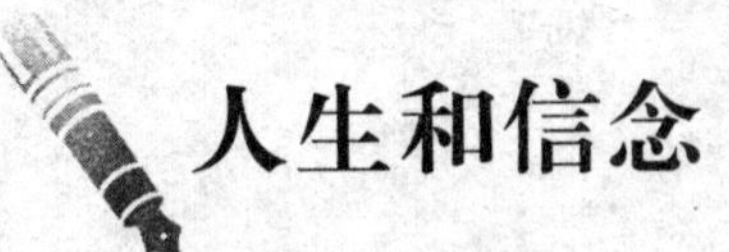

人生和信念

曹春燕

在美国纽约，有一位年轻的警察叫亚瑟尔，在一次追捕行动中，他被歹徒的冲锋枪射中了左眼和右腿膝盖。3个月后，当他从医院出来时完全变了个样儿，一个英俊的小伙变成了一个又跛又瞎的残疾人。

纽约市政府和其他组织授予了他许多勋章和锦旗。记者问他：“你以后将打算如何面对自己的命运呢？”他说：“我只知道歹徒还没有被抓住。”他那只完好的眼睛里透露出一种令人战栗的愤怒之光。这以后，亚瑟尔不顾别人的劝阻，多次参与抓捕那个歹徒的行动，他几乎跑遍了整个美国，有一次，甚至为了一个微不足道的线索竟去了欧洲。

9年后，那个歹徒终于在亚洲某个小国被抓获了，亚瑟尔在行动中起了关键的作用。在庆功会上，他再次成了英雄，许多媒体都称他是全美国最坚强、最勇敢的人。然而半年后，亚瑟尔却在卧室里割腕自杀了。在他的遗书中人们读到了他自杀的原因：“这些年来，让我活下去的信念就是抓住凶手……现在，伤害我的凶手被判刑了，我的恨也消了，生存的信念也随之消失了。面对自己的伤残，我从来没有这样绝望过……”

或许生命什么都可以缺，譬如失去一只眼睛，或者失去一条腿，但就是不能失去信念。

信念是生命的灯塔。信念要是破灭了，人便会迷失前进的方向，生命就变得没有意义。

第二章

挖掘自己的积极情绪

怕麻烦，机遇就会绕道远走

任维扬

花瓶碎了并不可怕，可怕的是千万别一不留神，把我们的聪明打碎了。泰戈尔说："错过太阳的时候如果你在流泪，那么你也将错过群星。"

有个年轻人，一天，因为心情不好，他走出了家门，漫无目的地到处闲逛，不知不觉间来到了森林深处。在这里他听到了婉转的鸟鸣，看到了美丽的花草，他的心情渐渐好转，他欣赏着，感受着生命的美好与幸福。忽然，他的身边响起了呼呼的风声，他回头一看，吓得魂飞魄散，原来是一头凶恶的老虎正张牙舞爪地扑过来。他拔腿就跑，跑到一棵大树下，看到树下有个大窟窿，一棵粗大的树藤从树上深入到窟窿里面，他几乎不假思索，抓住树藤就滑了下去，他想，这里也许是最安全的，能躲过劫难。

他松了口气，双手紧紧地抓住树藤，侧耳倾听外边的动静，并时不时伸出头去看看。那只老虎在四周踱来踱去，久久不肯离去。年轻人悬着的心又紧张起来，他不安地抬起头来，这一看又叫他吃了一惊，一只尖牙利齿的松鼠在不停地咬着树藤，树藤虽然粗大，可又经得住松鼠咬多久呢？他下意识地低头看洞底，真是不得了！洞底盘着 4 条大蛇，一齐瞪着眼睛，嘴里摇卷着长长的芯子。恐惧感从四面八方袭来，他悲观透了。爬出去有老虎，跳下去有毒蛇，上不得，也下不得，想这么不上也不下吧，却有那只松鼠在咬树藤，他甚至已经听到了树藤被咬之处咯巴咯巴欲断未断的响声。

年轻人想：悬挂不动已不可能，树藤已不让你悬了；跳下去也绝无生路，那是个死胡同，连逃的地方都没有；可是外面呢，有可怕的老虎，但也有鸟鸣，有花香。年轻人想，难道这就是人生的宿命？冥冥之中，他听到一个声音在喊："别怕，跑吧。"于是他不再作多余的考虑，一把一把向上攀登，他终于爬到了地面,看到那只老虎在树底下闭目养神(是的,苦难也有闭上眼睛的时候),他瞅住这个机会,拔腿狂奔,终于摆脱了老虎,安全回到了家。

佛经解释说,那只老虎不是别的,其实是无常;那只松鼠是时间;那 4 条大蛇是人生无法逃避的生老病死;那根藤就是我们的生命线。老虎存在于这个世界上是无疑的,正如灾害,正如苦恼,正如天外飞来的横祸。这些不测总是要来到人间。是来到你面前,还是来到他面前,是碰到一次,还是常常碰到,这也许有一定的偶然性。佛说,这就是无常。与生俱来的还有生老病死,这是任何人都无法挣脱的宿命,上至王侯将相,下至贩夫走卒,都无法摆脱。无法摆脱的还有时间,从表面来看,时间对生命并不构成威胁,甚至我们还以为它是运载人生的免费列车,可是真正给我们致命一击的就是时间,时间每时每刻都在咬着我们的生命之藤。

也许我们的能力确实有限,也许我们的厄运真的无法摆脱,但是我们用不着绝望,我们逃不脱生老病死,我们逃不脱有限的岁月,但是我们可以逃得脱老虎,逃得脱人生迎面而来的灾难。面对不幸、挫折与打击,我们可以跑,可以奋斗。羚羊摆脱狮子追击的办法是跑得比狮子还快,这就是生路。所谓生路,就是人生之路。

勤奋点儿,总会有机会的

李斯杨

早晨在我驾车上班时,通常会遇到 3 个卖报的年轻人。他们每一个人都有一套属于自己的卖报策略,但其中一人总能最先卖完报纸。事实上,另外两人所处的位置比他优越很多。等我日复一日地从卖报人身边经过时,我逐渐意识到,那个人的成功与他选择的位置毫无关系。

第一个卖报人,总是站在丁字路口,他永远是一副愁眉苦脸的样子。当乘车人招手索要报纸时，他缓慢地走过去，当顾客刚看清他那招牌式的苦瓜脸时，他已经生硬地将报纸塞进了车窗。如果赶上雨天，则很难觅到他的踪影，一般情况下，雨天买不到他的报纸。我并不怪罪他，但当我迫切想买某一张报纸，而又无法看到时，我就难以忍受他这样的工作态度了。所以，后来我再也不从他那里买报纸了。

第二个卖报人，站在十字路口，红绿灯带给他不少便利。一旦乘车的人被红灯所阻，他就在停下的车队旁前前后后地奔跑着，大声叫喊着他所卖报纸的名字。我有几次试图从他那里买一份报纸，但都未能如愿，因为他总是忙于奔跑，很难锁定他的位置。我招手、喊叫，但他似乎从来就没有注意到我。

第三个卖报人，则总是固定地站在繁华街道的中央。双腿略微分开，以保持他的站姿。他的手中拿着几份报纸放在胸前，以使司机和乘客从他身边驶过的时候，能够瞥一眼大字标题。他从来不随着车辆走动，他总是等着他的顾客驶向他的身边。他用使人愉快的“早上好”问候每一个从他身边过去的人，当有人慢下来打算购买报纸时，他的脸上绽放出灿烂的笑容。他友好的态度给我留下了深刻印象。当我驾车离开时，他在后面大声说道：“谢谢你！祝你有快乐的一天！明天见！”他总是设法在卖出报纸的几秒钟内，把这些话语说得清清楚楚，又悦耳动听。

没错，第三个卖报人是我最喜欢的。想必你会说，这也没什么大不了，不就是卖出一张报纸吗？但是我们完全可以从 3 个卖报人身上体会到不同的东西：你的工作可能并非你理想的工作，但你完全可以凭借你今天所做的一切，使自己感到充实和快乐。

即使是几秒钟的短暂时间也同样能给他人留下深刻的印象，所以不要因为时间太短暂，就忽略自己的言行。

你所做的美好行为不可能都有美好的回报，但糟糕的行为一定会导致糟糕的返还。

一颗懂得感恩的心，一个甜美的笑容，一句简短的问候，尽管都是最细微不过的表现，但日久天长，它们所带给你的回报会远远超出你的想象。

这天早上，又下雨了。第一个卖报人不知道躲到哪里去了。第二个卖报者，拿着湿漉漉的报纸继续在车流中来回奔跑。第三个卖报人，依旧站在他的位置上，身穿一件鲜亮的黄色雨衣，胸前的报纸被严严实实地遮挡在透明的塑料布下面，报纸一点儿没湿，人们仍然能看到醒目的大字标题，更能清晰地看到他脸上洋溢着的灿烂笑容。

战胜竞争对手最好的方法，就是提供更好的服务，这往往是让你立于不败之地的制胜法宝。

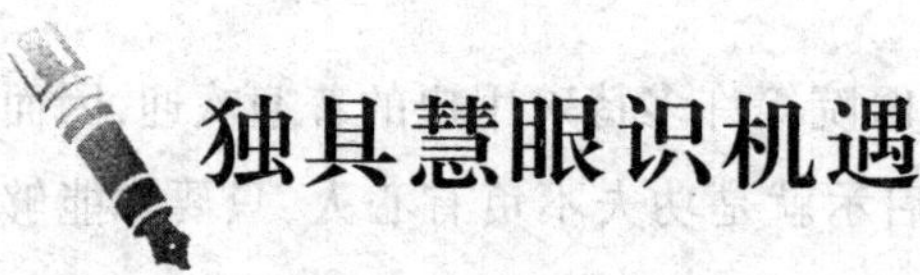

独具慧眼识机遇

韩　青

相信你一定听说过这个故事：

一个苹果从树上掉了下来，恰好掉在了牛顿的头上，牛顿由此受到启示，才有了万有引力定律。

相信你还一定听说过另外一个故事：

有两个做鞋生意的人，来到非洲一个尚未开发的落后地区，准备推销他们的鞋，他们俩同时都发现，这里的人们都赤着足，从来没有穿鞋的习惯。其中的一个鞋商立即打道回府，而另一个鞋商则留了下来，在当地做起了鞋生意，留下来的鞋商后来的生意做得非常的火，而打道回府的鞋商则白白地错失了一次发展的良机。

打道回府的鞋商之所以离开而错失良机，就在于他不具备捕捉机会的慧眼，他心想“这儿的人从来都不穿鞋，因此鞋在这里肯定没有销路”。而留下来的商人则非常用心，他想“这里还没有人穿鞋，一旦穿起鞋来，则这里的鞋产品市场前景将十分广阔”。所以他就以自己的慧眼发现了机会。

捕捉机遇一定要处处留心，独具慧眼。其实只要你仔细留心身边的每一件小事，这每一件小事当中都可能蕴藏着相当的机会，成功的人绝不会放过每一件小事。他们对什么事情都极其敏感，能够从许多平凡的生活事件中发现成功的机遇。让我们再来看几个成功捕捉机会的范例。

有一次，日本索尼公司名誉董事长井深大到理发店去理发，他一边理发一边看电视，但由于他躺在理发椅上，所以他看到的电视图像只能是反的。就在这时，他突然灵机一动。

心想：“如果能制造出反画面的电视机，那么即使躺着也能从镜子里看到正常画面的电视节目。”有了这些想法，他回到索尼公司之后就组织力量研制和生产了反画面的电视机，并把自己研制出来的电视机投放到市场上去销售。

这种电视机果然受到了理发店、医院等许多特殊用户的普遍欢迎，因而他取得了成功。这则事例给我们的启示就是功夫不负有心人，只要你能够处处留心，就有很多机会向你招手。

意大利人对足球的狂热是人所共知的，但意大利人对足球的狂热却在一定程度上冲击了餐饮业。因为每到国内足球联赛，特别是像世界杯这样的足球大赛到来的时候，成千上万的球迷都闭门不出，端坐在电视机前观看足球赛。因而，每到足球大赛到来的时候，众多的餐饮业主都为生意的萧条而一筹莫展，然而有一位餐饮业主开设的餐馆生意却异常火爆。

那么，这位老板有什么绝招呢？他的招数说来其实也很简单。他不过是在自己的餐馆的角角落落，包括走廊、卫生间都安装上了电视机，以保证每位前来光顾的客人，在任何一个角落都能够看到精彩热闹的球赛。说穿了，这位老板的成功，完全得益于他是一位生活当中的细心人。

由于细心，他发现意大利人在球赛到来时不愿意到餐馆来的原因，并不是意大利人每到赛季就变得吝啬而不愿意花钱了，而是因为意大利人深深地爱着足球，如果让他们在美食和足球之间做出选择，他们会毫不犹豫地选择足球。要使顾客回到餐馆就得有一个两全其美的方法，因此，他才发明了用电视服务招揽顾客的方式，这一方法果然非常有效，使他取得了非常可观的收入。这个事例再次说明,只要你是生活中的有心人,幸运之神就一定会冲过来和你拥抱。

第一个防火警铃的发明者杜妥·波尔索当时正在试验一个控制静电的电子仪器,忽然他注意到他身边的一个技师所抽的香烟把仪器的马表弄坏了。杜妥·波尔索的第一反应是非常懊恼,因为马表坏了就必须中止实验,重新再装上一个马表。

但他很快就想到,马表对香烟的反应可能是一个非常有价值的资讯。这个只是一瞬间发生的看似很不起眼的偶然事件,促使杜妥·波尔索发明了第一个防火报警警铃,为防火领域作出了突破性的贡献。

不仅仅是防火报警警铃的发明是来自生活中的偶然事件,其实,世界上有很多的发明创造都是来自生活中突发的偶然事件。被称为"杂交水稻之父"的我国农业科学家袁隆平发明杂交水稻也是如此。

袁隆平有一次在稻田里,无意之中发现了一株自然杂交的水稻。由此,他想到目前我们人类所认定的水稻不能杂交的结论可能是个错误的结论。于是,通过艰苦的科学研究,他攻克了一个又一个难关,终于成功地培育出了杂交水稻,从而一举成了足以改变人类命运的世界级科学家。

机遇就是这样古怪,有时候你苦苦追求、苦苦思索,甚至你处心积虑、心机用尽,它也不一定出现;可就在你已经不抱什么希望,几乎信心全无的时候,机遇却不期而至,让你顿时有一种柳暗花明之感。

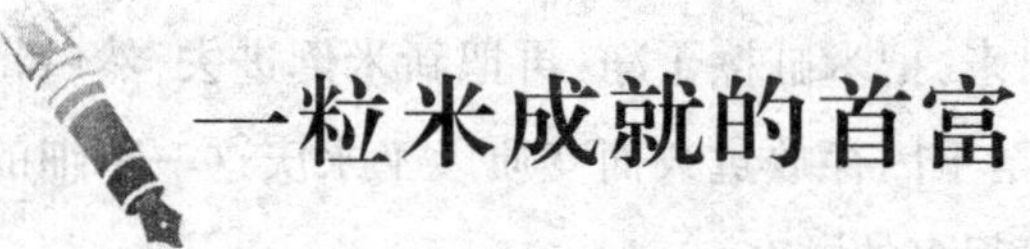

一粒米成就的首富

郭小珊

提起台湾首富王永庆,几乎无人不晓。他把台湾塑胶集团推进世界化工业的前 50 名,而在创业初期,他做的还只是卖米的小本生意。

王永庆早年因家贫读不起书，只好去做买卖。16岁的王永庆从老家来到嘉义开了一家米店。那时，小小的嘉义已有米店近30家，竞争非常激烈。当时仅有200元资金的王永庆，只能在一条偏僻的巷子里承租一个很小的铺面。他的米店开办最晚，规模最小，更谈不上知名度了，没有任何优势。在新开张的那段日子里，生意冷冷清清，门可罗雀。

刚开始，王永庆曾背着米挨家挨户去推销，一天下来，人不仅累得够呛，效果也不太好。谁会去买一个小商贩上门推销的米呢？可怎样才能打开销路呢？王永庆决定从每一粒米上打开突破口。那时候的台湾，农民还处在手工作业状态，由于稻谷收割与加工的技术落后，很多小石子之类的杂物很容易掺杂在米里。人们在做饭之前，都要淘好几次米，很不方便，但大家都已见怪不怪，习以为常。

王永庆却从这司空见惯中找到了切入点。他和两个弟弟一齐动手，一点一点地将夹杂在米里的秕糠、砂石之类的杂物拣出来，然后再卖。一时间，小镇上的主妇们都说，王永庆卖的米质量好，省去了淘米的麻烦。这样，一传十，十传百，米店的生意日渐红火起来。

王永庆并没有就此满足，他还要在米上再下大工夫。那时候，顾客都是上门买米，自己运送回家。这对年轻人来说不算什么，但对一些上了年纪的老人，就是一个大大的不便了。而年轻人又无暇顾及家务，买米的顾客以老年人居多。王永庆注意到这一细节，于是主动送米上门。这一方便顾客的服务措施同样大受欢迎。当时还没有“送货上门”一说，增加这一服务项目等于是一项创举。

王永庆送米，并非送到顾客家门口了事，还要将米倒进米缸里。如果米缸里还有陈米，他就将旧米倒出来，把米缸擦干净，再把新米倒进去，然后将旧米放回上层，这样，陈米就不至于因存放过久而变质。王永庆这一精细的服务令顾客深受感动，也赢得了很多的顾客。

如果给新顾客送米，王永庆就细心记下这户人家米缸的容量，并且问明家里有多少人吃饭，几个大人、几个小孩，每人饭量如何，据此估计该户人家下次买米的大概时间，记在本子上。到时候，不等顾客上门，他就主动将相应数量的米送到客户家里。

王永庆精细、务实的服务，使嘉义人都知道在米市马路尽头的巷子里，有一个卖好米并送货上门的王永庆。有了知名度后，王永庆的生意更加红火起来。这样，经过一年多的资金积累和客户积累，王永庆便自己办了个碾米厂，在最繁华热闹的临街处租了一处比原来大好几倍的房子，临街做铺面，里间做碾米厂。

就这样，王永庆从小小的米店生意开始了他后来问鼎台湾首富的事业。

王永庆成功的例子说明，不要以为创造就非得轰轰烈烈、惊天动地，把一粒米这样细小的工作做好同样也是一种创造。

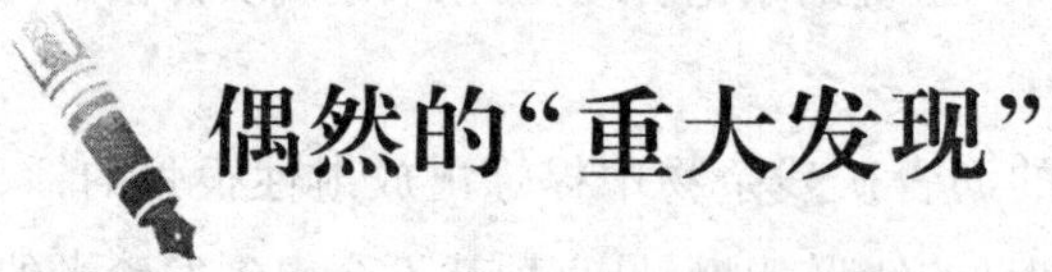

偶然的“重大发现”

鲁维维

很多成功人士之所以能成功，正是因为他们能及时抓住很可能一闪即逝的灵感火花，并能把灵感进行到底的结果。

不放过一些偶然现象，才能有“重大发现”。

1820年，哥本哈根的奥斯特偶然发现：通过电流的导线周围的磁针，会受到力的作用而偏转。这一发现说明电流会产生磁场，从此之后电和磁就结合了起来。

为了研究胰脏的消化功能，明可夫斯基给狗做了胰切除手术。结果这只狗的尿引来了许多苍蝇，在对狗尿进行分析后，明可夫斯基发现其中有糖，于是领悟到胰和糖尿病有密切关系。

20世纪初，美国墨西哥湾的海面上忽然出现一种稀奇的现象：海水上漂着一层油花，在太阳光下闪闪发光。原来是因为在海底下有储藏着丰富的石油。后来墨西哥湾就建立起世界上第一口油井，开了海底采油的先例。

1895年，伦琴偶然在阴极射线放电管附近放了一包密封在黑纸里、未曾显影的照相底片，当他把底片显影时，发现它已走光了。对于一个漫不经心的人，那就会说："这次走光了，下次放远一些就得啦！"可是伦琴却采取了认真的态度，没有放过这一线索。他认为，这一定有某种射线在起作用，并给它取了一个名字叫X射线。这个怪名称表示他对这种射线还很不了解。不过他指出：X射线是从管中有黄绿色磷光的一端产生出来的。

根据这点，彭加勒猜想：所有发强烈磷光的物体都能发射X射线。1896年，法国贝克勒想起了彭加勒的假设，便拿来一种能在太阳光下发磷光的物质硫酸钾铀，把它和底片一起放在暗箱里。几天以后，他发觉完全不见光的硫酸钾铀也会作用于底片。然而，这种物质在暗箱里是不会发磷光的，可见彭加勒的假设是错误的，X射线与磷光毫无关系。

后来又经过多次试验，才得到正确的结论：X射线原来是硫酸钾铀中的一种元素铀放射出来的。

其后，居里夫妇又从含铀的沥青矿残余物中提炼出放射性很强的镭。这一段历史的确离奇：没有彭加勒的错误猜想，贝克勒就不会想到发磷光的物质。发磷光的物质很多，如果不是碰巧选中含磷铀的硫酸钾铀，那么原子能的发现也许还要推后好些年。

1942年，英德空战激烈，为了观察入侵的敌机，英国普遍建立了雷达观察站。但雷达信号常被一些莫名其妙的电噪声所干扰，特别是早晨更加厉害。

此外，美国工程师卡尔·詹斯基在检查越过大西洋电话通讯的静电干扰时，也注意到有一种特殊的弱噪声。这些发现引导人们去研究它们的起源，结果得知干扰雷达信号的电噪声来自太阳，并且还发现，不仅太阳能够发射宽频带的电磁波，而且星云间也能发射，例如：产生上述弱噪声的，就是距离地球两万六千光年的银河系中心。这方面的进一步研究奠定了今天的射电天文学的基础。

青霉素的发现也是一个有趣的故事。

英国圣玛利学院的细菌学讲师弗来明早就希望发明一种有效的杀菌药

物。1928 年,当他正研究毒性很大的葡萄球菌时,忽然发现原来生长得很好的葡萄球菌全都消失了。是什么原因呢?经过仔细观察后发现,原来有些别的霉菌掉到那里去了。显然消灭这些葡萄球菌的,不是别的,正是青霉菌。这一偶然事件,导致药物青霉素以及一系列其他抗菌素的发明。

不要忽略我们生活中某些不经意间的想法,每一个想法都是大脑中灵感的火花,都有可能成为一个新的构想,抓住它不要放弃,你就可能会因此而成功。

偶然中存在的机遇

郑　光

在生活中,我们的头脑里经常会有一些瞬间的灵感出现,然而,也许就是这些小小的灵感冲动,有时会给我们带来意想不到的收获。

很早以前,美国有个名叫杰克的公务员,繁忙的工作之余最大的爱好便是溜冰。收入微薄的杰克为到溜冰场溜冰花费了不少钱,手头非常拮据。杰克最向往冬天,因为冬天冰天雪地可以“免费”溜冰。可是春天一来,这些天然溜冰场便消失了。

有什么补救的办法呢?杰克针对“冰天雪地”冥思苦想,除了想到人工制造冰场的方案外,也没有什么好的办法。即使有了人工冰场,皮夹子空空的杰克也只能望场兴叹。

一天,杰克的头脑中突然闪过一个念头:我干吗老在“冰场”上兜圈子呢?溜冰溜冰不就是一个溜字吗?只要能让人的身体溜来溜去,不就是一种乐趣吗?杰克的思路转到了“溜”字上,集中思考怎样让人“溜”起来。他在观察了会溜的玩具汽车后,突然一个灵感涌上来:“要是在鞋子底面装上轮子,能不能代替冰鞋?这样的话,一年四季就都可以滑冰了。”

经过几个月的努力，杰克终于把这种鞋做出来了。不久，他便与人合作开了一家工厂，专门生产这种被称为旱冰鞋的产品。他做梦也没想到，产品一问世，就成为世界性商品。没几年工夫，杰克就赚进了100多万美元。

杰克因为他的一个灵感，而发明了旱冰鞋，不仅方便了他人，自己也因此得到了丰厚的回报。

大家都知道鲁班发明锯的故事吧。

传说，有一年鲁班接受了一项很大的任务——建筑一座大宫殿。这需要很多木料，但是工程期限很紧。鲁班的徒弟们每天都上山砍伐木材，但是当时还没有锯子，只有用斧子砍，效率实在是太低了，而且徒弟们每天累得精疲力竭，可是木料还是远远不够，耽误了不少工程进度。完成不了任务是要受重罚的，鲁班心里非常着急，就亲自上山察看。

上山的时候，他偶尔拉了一把长在山上的一种野草，一下子手就被划破了。

鲁班很奇怪，小小的一根草为什么这样锋利？他把草折下来细心观察，发现草的两边都长有许多小细齿，他的手就是被这些小齿划破的。既然小草的齿可以划破我的手，那带有很多小齿的铁条应该可以锯断大树吧？于是，在金属工匠的帮助下，鲁班做出了世界上第一把锯——一条带有许多小齿的铁条。他用这把简陋的锯去锯树，果然又快又省力，锯就这样被发明了。

也许大家都不知道，弹墨线用的小钩又被称为“班母”，刨木料时顶住木头的卡口又叫做“班妻”，这是为什么呢？原来，鲁班的母亲和妻子也都从事生产劳动，并对鲁班有很大的帮助。据说，“班母”的由来是这样的：鲁班做木工活，用墨斗放线的时候，原来是由他母亲拉住墨线头的。

后来经过多次实验，母子俩在墨线头上拴了一个小钩，放线的时候，用小钩钩住木料的一端，就可以代替用手拉线，一个人操作就行了。从此，鲁班弹墨线不用再请母亲帮忙了。后世木工便把这个小钩取名为“班母”，以纪念这个创造。“班妻”的由来，传说是因为鲁班刨木料起初是由他的妻子扶着木料，后来才改用卡口的缘故。

怎样才能抓住灵感呢？只有善于敏锐地观察和分析事物，具有勤奋的劳动态度和负责精神,才能厚积薄发,从而产生灵感。特别要抓住偶然性得到的灵感,因为哲学原理告诉我们,偶然性中存在着必然性,必然性一定通过偶然性表现出来,并为自己开辟道路。

许多灵感都是在偶然当中、甚至梦中产生的,如果不及时抓住,机会就会转瞬即逝。

重视自己的好奇心

甄惜兮

道尔顿被恩格斯誉为“近代化学之父”,这位出生于1766年的英国科学家,由于刻苦钻研,他发现了“气体分压定律”和“倍比定律”,为人类揭开原子的秘密和利用原子做出了卓越的贡献。不过,时至今日,人们还津津乐道他年轻时闹出的一则大笑话。

1794年,28岁的道尔顿为了庆贺母亲的生日,特意抽出时间逛百货大楼,想为慈祥的母亲选购一件称心如意的礼物,尽尽孝心。一进百货公司,商品琳琅满目,美不胜收,让人目不暇接,很难做出选择。走过来,看过去,道尔顿好不容易才看中一双高级丝袜。这双袜子质地、式样、做工都让人满意,尤其是色彩——深蓝色,特别适合老年人穿,显得雅致、大方。

在母亲的寿宴上,道尔顿恭恭敬敬地献上他精心挑选的礼物:“妈妈,希望您能喜欢儿子为您买的这双袜子。”

望着孝顺的儿子,老太太满脸喜悦地接过袜子。不过,一番仔细端详之后,她宽容地微笑着说:“傻孩子,这双袜子的色彩太艳丽了,我这么大年纪怎么能穿出去呢?”

道尔顿不解地看着母亲,急切地说:“妈,这深蓝色的袜子不正适合您这个年龄吗?”

“什么？深蓝色？哈哈哈……”老太太和一起前来祝贺的客人们哄堂大笑起来，都以为道尔顿在开玩笑。

瞧着热闹，道尔顿的哥哥也挤进人群，拿起袜子说：“你们笑什么？这真是深蓝色的袜子啊！”

“哈哈哈！”又是一阵开心的大笑。

笑声中，道尔顿兄弟简直变成了丈二和尚——摸不着头脑了。

“孩子，这双袜子明明是鲜艳的红色，就跟红玫瑰一样，你们俩怎么说是蓝色的呢？”妈妈止住了微笑，亲切地问道。

这下道尔顿愣住了，他见母亲郑重其事的神情，不像在开玩笑，赶紧使劲儿地揉了揉自己的眼睛，可他看到的仍然是一双蓝色的丝袜。

怪了！多年从事科学研究的直觉和理性告诉道尔顿，这里面一定有文章！非要弄个水落石出不可。他放下手头的化学研究，决定先解开这个谜。他拿着各种颜色的方块，让学生去辨认。结果有的学生把绿色看成红的，有的把红色看成绿色，有的分不清红色和蓝色，有的干脆分不清一切颜色。经过深入地研究，道尔顿发现了色盲症。

其实，色盲症早就存在，但从前却没有人注意过它。道尔顿只是从对日常小事的注意，不断地钻研，直溯事物的本源，从而创立了新学说。只要你多注意一下，也可以看到常人看不到的东西。

想象与好奇，并从细微的现象中追寻本质，是每个人必须具备的习惯。只有具有想象力和好奇心的人，养成了追寻本质的习惯，才会在不正常的事情中，找到通向成功的机会。只有好奇的人，才能不断地赋予生活新的含义，理解幸福的真谛。

“免扣带”是怎么发明的？大家都知道在衣服、鞋子上有一种一扯即开的“免扣带”，它以方便省时而大受现代人的欢迎。说到它的发明就要提到一个叫马斯楚的瑞典人的故事。

马斯楚就是“免扣带”的发明人，这个发明纯属偶然。

1948 年的一天，他和朋友兴致勃勃地去登山。登上顶峰后，他们随便坐在草地上吃午餐。这时，马斯楚突然觉得臀部又痛又痒。他知道这又是鬼针草的“恶作剧”，于是坐不住了，不耐烦地把鬼针草一根一根地从裤子上摘下来，但摘不胜摘。回家后，他把残留在裤子上的鬼针草取下来，想弄清楚它为什么“粘”人，结果发现鬼针草的结构十分特殊，粘在裤子上拍不下来。马斯楚顿生一想：“如果模仿它的结构，做一种纽扣或别针，那该多好！”

一念之间，一项新发明创造诞生了。马斯楚先生制成了一种合上就不易分开的布，即一块布织成许多钩子，另一块布织成很多圆球，两者合起来，产生拉链的效果。他将其命名为“免扣带”，申请了专利，然后与一家织布公司合作生产。由于“免扣带”的使用范围很广，马斯楚足足赚了3亿多美元。

在生活中被鬼针草的“恶作剧”伤害的人，几乎天天都有，但能从中引出发明创造的人，马斯楚则是第一人。这是一种联想的感悟，是一种创造性思维的魅力，是对生活的一种深刻理解，也是一种稍纵即逝的冲动。感悟是科学发明的“激光”。一旦这种“激光”闪现了，你就要善于运用它去撞击科学发明的大门，敢于去吃第一只“螃蟹”。那些纸上谈兵式的人物，是难以领略创造发明者的喜悦的。

英国作家乔叟说得好：“每人都有一个好运降临的时候，只看他能不能领受；但他若不及时注意，或顽强地抛开机遇，那就并非机遇或命运在捉弄他，其实应归咎于他自己的疏懒与荒唐。”

一个好的机遇不会出现两次。机遇来了，你就要当机立断地抓住它，莫失之交臂。马斯楚抓住了机遇，并立即付诸行动，他就获得了巨大的成功。

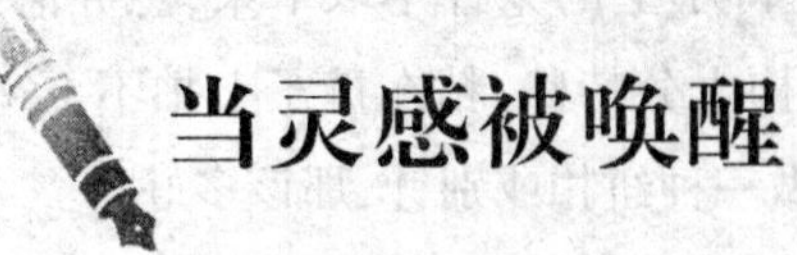

当灵感被唤醒

吕菁菁

日本人中田修曾在驻日美国军队中当过仆役，做过黑市小贩，印刷公司职员，走马灯似的换了十几次工作。不是被辞退就是工作不太好经常流落街头。一次，他徘徊在东京的一条街巷，感到万念俱灰，决心卧车自杀以结束自己的无限烦恼和痛苦。

他躺到街巷中间等待死神的召唤。一辆黑色的小汽车急速地驶来，却在要轧上他时刹住了车。车上的人朝他大喊了一声："站起来，到一边去！"

"真是不走运，连就近结束自己生命的方便都不给。"中田修暗骂一句，晃晃悠悠地站了起来，准备到一街之隔的河边去继续自杀了此一生。正在他站起来要走到河边的时候，他突然发现旁边不远有一块写着"垒泽设计研究所"的招牌。这块招牌唤醒了他——我为什么不自己搞个设计所呢？就在这一瞬间，他打消了自杀的念头。

原来，中田修在印刷公司工作时，就被公司职员优厚的待遇迷住了。为了摆脱饥饿，中田修下定决心要做个设计师，开一家属于自己的公司。当时并没有学习设计的学校，中田修便利用工作的方便，把设计公司的作品带回家研究，自学设计方面的书籍，坚持了半年，他终于学会了设计技术。

在放弃了自杀念头后，中田修认真地想办法完成自己的心愿。没有雄厚的资金，他通过报纸的"读者栏"招收学生。开始只办"周日教室"，以后又租借公共场所作为教室，以容纳更多的学生。为筹措办学资金，他把"前金制"引入学校的建设之中。所谓"前金制"就是预收款。慢慢地，一个正式的设计学校就形成了。

到1959年4月，"东京设计所"在大阪成立。起名东京，是为了纪念东京那间挽救了中田修性命的设计所。后来，在中田修苦苦经营下，“东京设计所”终于成了日本一流的设计研究所。

很多灵感都是人们在面临困境时突然产生的，它往往会起到扭转乾坤的作用。

感谢身边的懒人

邵　滨

我大学毕业到一家集团公司的办公室当文员。办公室主任有一特长，即文章写得好，也很有思想，公司董事长很器重他，董事长的讲话稿和企业的年终总结等一系列重大文章都出自他的手笔。

我到办公室后，只能是个打杂的，脏活、累活、没名没利的活全归我干了。之后，主任也变得越来越懒，一些本来该由他亲自去做的工作，也往往推给我去做。

由于企业名气大，企业经常要参加省市组织的活动，如长跑、登山、演出等，要现场采访、拍照。这样的工作时间长，又不算加班，主任便安排我去。

公司会议常常利用晚上的业余时间，董事长一开会常常忘记时间，一直开到凌晨。而开会需要录音、做记录。这么辛苦，主任就总让我去。这样一来，我很多晚上的时间都在参加会议，第二天还要整理记录，写报道，工作量增加很多。

我们一些新来的大学生在一起时，常常数落那些老同志，如何的懒和刁，剥削我们的劳动，占用我们的时间，把我们的智慧与劳动成果占为己有，为此愤愤不平，而且有的人还为此一走了之。

一次省电视台的记者要采访董事长，董事长时间比较紧，于是安排在星期天的晚上 8 点钟。

董事长让主任陪同，可是主任家离公司较远，骑自行车要40分钟，于是他叫我去陪同。我一听就来气了，平时晚上总让加班，我就已经满肚子意见了，星期天还让我来，太那个了吧。更何况这件事董事长就是让他参加的，我和女朋友还有个约会。我很想顶他，但后来想想还是不情愿地参加了。

那天在接受电视台记者采访时，董事长兴致非常好，冒出了好几个火花，即企业发展到现在已经10年了，要“十年归零”，进行第二次创业，并且准备在十周年大庆时有大的动作。

本来这次采访只谈半小时，但由于董事长与记者们非常谈得来，他们一谈就是两个多小时，后来还一起去喝茶。当一切都结束时已经是凌晨一点了。当送走记者，我已经非常困了，没有洗漱倒头就睡了。

第二天我把采访纪要整理好，交给董事长。后来又采写了一篇企业报刊发表的文章，文章标题是“十年归零从头越”——董事长发出第二次创业动员令。董事长感到我非常敏锐地捕捉到了他的灵感，并且文章的重点突出，主题新颖。董事长非常高兴，顺便问了昨天晚上主任为什么没有来。我说：“他家离得比较远。”董事长接着说：“要感谢身边的懒人，要多为自己创造机会！”

从那以后，董事长便常叫我到办公室去，他有些什么思想、感悟都让我整理。再后来年终总结报告也让我写，还给我的工资翻了一倍。我渐渐成了公司的红人，也得到了更多、更大的锻炼。

很多时候，有不少人们不愿做的额外的烦琐工作摆在我们面前，我们常常不是积极地接受并且努力地做好，而是畏难发愁、设法躲避，总是沉溺于抱怨和牢骚，以一种消极、悲观的心态等待、观望或者被动应付。如果从另一个角度来看，有更多的工作做，应当是一件非常幸运的事情。因为，只有通过做更多的工作，才可以提高自己的能力，增加处世的经验，提高自己做事的品质。所以，当额外的工作降临到面前时，我们要珍惜这个难得的机会，紧紧地抓住它，不要让它白白地从眼前溜走。

天上掉馅饼，总有它凭空而降的原因。所以，我们要学会感谢别人的懒惰，因为正是他们的懒惰，才使我们拥有了更多做事的机会，为我们搭起了展示才华的舞台与通向成功之路的台阶。

做出准确的判断

卓　正

想必诸位都想知道怎样才能在华尔街赚大钱吧？有此念头的人恐怕不下百万。如果我知道答案的话，这本书大概可以定价1万元了。它虽然没有告诉你怎样赚大钱的绝招，但它却揭示出一些成功的商人的处事观念，下面的故事就是理查斯·罗勃斯——一位商场上投资顾问亲口告诉我的。

“开始的时候，我向朋友借了两万美金投资股票市场，赚了一些钱，可是在另一次投资中，竟弄得血本无归。自己的钱全赔上不打紧，但是连朋友的钱也被我赔掉了。虽然那笔钱对他来说并不算什么，但我内心却十分过意不去。损失惨重之后，再和他们碰面总觉得十分抱歉。然而令我惊奇的是，朋友毫不在意，是个十足的乐天派。而我也发现该听听别人的意见，然后再试试运气。就如H.菲利普所说的：‘以耳朵来寻找机运。’”

“我一面总结经验教训，一面重新向股票市场出发，并决心摸清股票行情及所有有关的知识，于是我打算请教在股票市场颇有心得的老前辈波顿·卡斯特，他教给我许多操作股票的技巧，我才懂得，他在股票界所享的盛名与成功绝不是仅靠运气得来的。他问了我两三个有关处理股票买卖的问题，之后告诉了我他自己所采用的原则：不管什么买卖，我都为它设一个极限值，当价格滑落到某一个极限值范围内，就要出售，这样损失就不会太大。”

“我立刻将这个原则付诸实行，很幸运，我不仅挽回了过去所损失的钱，同时也为自己赚进了大把钞票。后来我还把这个原则运用在其他处事方面。我常将这个煞车的理论应用在令人丧气的事情上，结果所有的烦恼或不愉快，竟像变魔术般转瞬间消逝得无影无踪。”

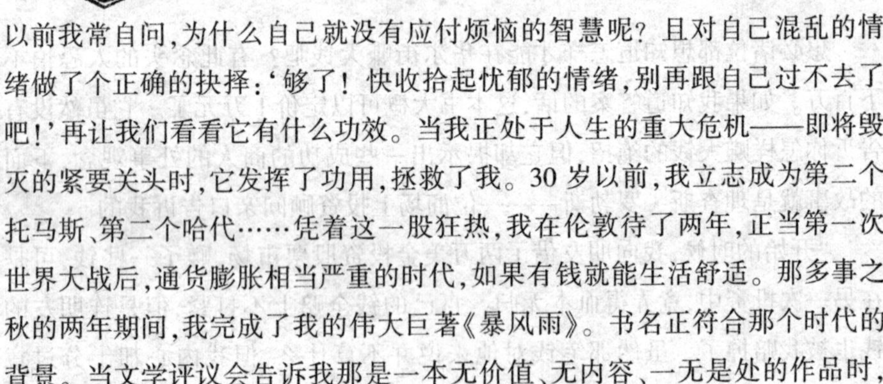

"例如，我经常和一个朋友约好一起吃午饭，而我这位朋友有一个毛病，就是没有时间观念。我往往要郁郁不乐地等上 30 多分钟，他才姗姗来迟。后来我向他表明了这个煞车原则：'比尔，我等你的时间只有 10 分钟，超过 10 分钟，我们的约会就取消——因为我回去了。'自从运用了这个煞车原理，很多因暴躁、孤僻、懊恼等情绪的紧张都消除了。以前我常自问，为什么自己就没有应付烦恼的智慧呢？且对自己混乱的情绪做了个正确的抉择：'够了！快收拾起忧郁的情绪，别再跟自己过不去了吧！'再让我们看看它有什么功效。当我正处于人生的重大危机——即将毁灭的紧要关头时，它发挥了功用，拯救了我。30 岁以前，我立志成为第二个托马斯、第二个哈代……凭着这一股狂热，我在伦敦待了两年，正当第一次世界大战后，通货膨胀相当严重的时代，如果有钱就能生活舒适。那多事之秋的两年期间，我完成了我的伟大巨著《暴风雨》。书名正符合那个时代的背景。当文学评议会告诉我那是一本无价值、无内容、一无是处的作品时，我几乎要昏了过去。"

"懵懵懂懂地出了办公室，就像被当头棒喝般晕头转向，挫折感太大，全身像虚脱一样。软弱无力，感觉自己像被逼到人生的十字路口，必须做一选择。到底我该怎么办？我该何去何从？好几个礼拜，我就是这样茫然若失地度过，好不容易从低潮中恢复过来，如今想来，才发觉当时运用的还是这个即时煞车的方法。当时我根本没听过所谓的'煞车理论'，只是把这两年的全力投入当做一种宝贵的经验，然后重新振作，再度回到成人教育工作上，空闲之余则将精力投注于手边的传记及人际关系实用丛书方面。每当回顾自己选择的这条路时，总不禁要高兴得难以形容。自那以后，我便不再为了不能成为托马斯或哈代第二而遗憾终身。"

一百年前的某天晚上，华尔腾湖畔的森林里，正当猫头鹰尖声高叫时，亨利·梭罗便用自制的鹅毛管笔沾上自制墨汁在日记上写着："事物的价值，是以人生作为成本，不过在分量上会比人生略少一点。随着时间演变的结果，事物的价值将互相交换。"

换句话说,为了忧郁而弄得身心俱疲是再傻不过的了,但偏偏吉伯特和沙利文却做了这样的傻事。他们都得意于创作美好的音乐和戏剧,但可悲的是他们不懂得如何创造美好的人生。他们创作了许多喜剧,娱乐了世界各地的人们,却给自己上演了一出悲剧。两个人就为了一张地毯的价钱,多年来一直互相仇视。沙利文为他们新买的剧场订购一张地毯,吉伯特看了账单之后非常生气。从此之后,他们两个至死都不曾再开口和对方说话。两人的争议甚至还闹到了法庭。

沙利文为新剧谱好曲后,也不亲自拿给吉伯特,而用邮寄的办法。同样的,吉伯特填好歌词后也用邮寄的方法寄给沙利文。有时候,两个人同时站在舞台上,谢幕时也不站在一块儿,而各据舞台的一端,为了避开对方的脸还别过脸去。他们和林肯不同处,主要在于他们对自己的遗憾、烦恼没有采用所谓的“煞车原理”。

南北战争正激烈的时候,林肯的朋友们争相出言批评林肯的仇敌,然而林肯却不以为然地说:“其实我自己一点也不觉得有什么亏损。人生没太多的时间可供你花费在怨怒上,快停止这种毫无益处的攻击吧!”

我的伯母艾迪丝若能拥有林肯般宽容的精神,该有多好!伯母和富兰克伯父住在抵押了的农场里,生活十分艰辛,即使是一分钱他们都十分重视。可是,伯母却以赊账方式买装饰家用窗帘或化妆品等,富兰克伯父就得为还清借贷而疲于奔命。富兰克伯父唯恐账单有增无减便私下拜托商店主人别让他太太赊账,伯母知道之后,非常生气。

之后近乎50年,她还是非常怨怒,我一而再地听她抱怨那件事,最后一次是她将近80岁的时候。我忍不住说了:“伯母,伯父那么做确实伤您自尊,这是伯父不对。但是,对于近乎半世纪前的事还耿耿于怀、牢骚不断,就是你更不对啰!”当然,这些话对伯母还是如耳边风、不起作用。

然而,伯母为了仇恨及痛苦的回忆付出了重大的代价——内心的平静。

富兰克林7岁有一次失败的经验,直到70岁他仍不忘怀。当他还是个7岁的小毛头时,迷上了笛子,于是迫不及待地带着自己所有的积蓄到玩具店去,把所有的钱往柜台上一丢,也不问明价钱就跑回家了。70年后,他还提到这件事,说他回到家里,欣喜若狂地不停地吹。但是哥哥姐姐们却说他付了太多的钱。这就成为日后他们的笑柄，而他也懊悔地掉泪。

尽管后来富兰克林成为世界闻名的人物，在做驻法大使时，他还记得买笛子多付钱的那件事。他说："当时付出过多代价的悔恨，要远大于自其中所获的快乐。"

然而，富兰克林所得的教训却远胜于这些。最后他说："随着年岁的增长，观察世上人们的种种行为之后，我发觉很多人为买笛子都付出了太多的价钱。人类大部分的不幸就是他们对事物的价值评断错误，以至于付出过高的代价。"

为由于判断错误而付出过高代价的例子举不胜举，像古伯特和沙利文及我的伯母都是最好的例子，戴尔·卡耐基也是的，《战争与和平》及《安娜·卡列尼娜》的作者托尔斯泰也不例外。在他死前的20年间——1890年到1910年，声名达于巅峰，他受到无数人的崇拜。

他的崇拜者列队造访有的只为了看他一眼，有的则为了听他说句话，有的只为了能摸一下他的衣角。把他的一言一行都当做"神的启示"般记录下来。不幸的是，在日常生活方面，托尔斯泰到了70岁却还没学到人类最宝贵的教训。在这方面，他还不如7岁的富兰克林——托尔斯泰娶了一个热恋已久的少女。他们原本过得很幸福，但是他太太却是个嫉妒心极强的人，她甚至打扮成村妇，跟踪丈夫到森林深处，只为监视他的行动。两个人一见面就要拌嘴，口角不断。她的嫉妒心有增无减，甚至于连自己女儿的相片也都用枪射穿，还曾吃鸦片、一哭二闹三上吊……那时候，孩子们都吓得躲在墙角不知所措。

托尔斯泰本人又怎样呢？他把自己的妻子骂得一无是处。他是有企图的，他要借此让后世同情他而怪罪他的妻子。他的夫人又如何面对此事呢？当她察觉时，气得把日记撕得粉碎丢到火里，然后也开始写日记，以"恶汉"来称呼托尔斯泰，后来并出版了《谁之过》一书，在书中把丈夫当做恶魔，而把自己描述成一个受难者。

到底是怎么回事？为什么他们的家庭会变成托尔斯泰所谓的"疯人院"，的确是有一些理由的，其中之一就是要把自己的印象强迫加诸他人。他们非常担心后代对他们的评论，担心我们在他们入棺后还要揭他们的短。

这真是岂有此理！我们对于自己的问题都已经自顾不暇了，哪有余力再去想一下他们的事。这两个可悲的人为他们的庸人自扰付出了太高的代价——他们因而过了近50年地狱般的生活。追根究底起来，他们所欠缺的正是不懂得“煞车”这一招。不论他们谁都没有对价值保持正确的态度。以至于对烦恼无法即时煞车而使自己的人生抹上了太多的灰色。

对于事物价值的正确判断，正是获得内心安详平和的关键。因此，如果我们对于个人在人生舞台所扮演的价值，能有充分的了解，那我们的烦恼就迎刃而解了。

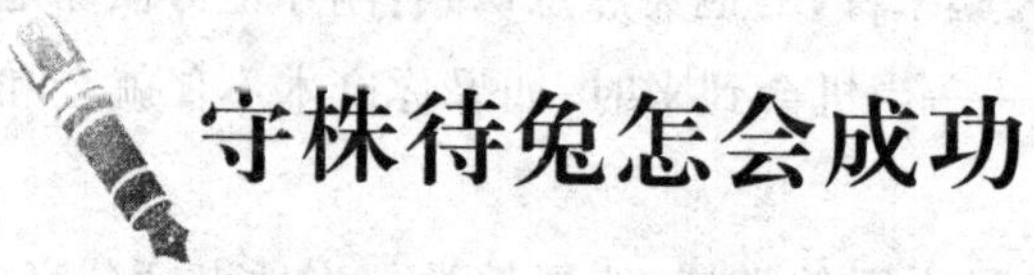

守株待兔怎会成功

李思广

被动等待，根本就是在浪费时间，就是在错失良机，就是无异于把自己的命运交付给未知的外力来决定。

有许多人终其一生，都在等待一个足以使他成功的机会。而事实上，机会无所不在，重要在于，当机会出现时，你是否已准备好了。有人坐等机会，希望好运气从天而降。成功人士积极准备，一旦机会降临，便能牢牢地把握。

如果你失业，不要希望差事会自动上门，不要期待政府、工会打电话请你去上班，或期待把你解聘的公司会请你吃回头草，天下没有这么好的事情。

有位年轻人，想发财想得发疯。一天，他听说附近深山里有位白发老人，若有缘与他相见，则有求必应，肯定不会空手而归。于是，那年轻人便连夜收拾行李，赶上山去。他在那儿苦等了五天，终于见到了那位传说中的老人，他向老者恳求恩赐于他。老人便告诉他说：“每天清晨，太阳未东升时，你到海边的沙滩上寻找一粒‘心愿石’。其他石头是冷的，而那颗‘心愿石’却与众不同，握在手里，你会感到很温暖而且会发光。一旦你寻到那颗‘心愿石’，你所祈愿的东西就可以实现了！”

每天清晨，那年轻人便在海滩上捡石头，发觉不温暖又不发光的，他便丢下海去。

日复一日，月复一月，那年轻人在沙滩上寻找了大半年，却始终也没找到温暖发光的“心愿石”。

有一天，他如往常一样，在沙滩上开始捡石头。一发觉不是“心愿石”便丢下海去。一粒、二粒、三粒……

突然，“哇……”年轻人大哭起来，因为他突然意识到：刚才他习惯性地扔出去的那块石头是“温暖”的——当机会到来时，如果你麻木不仁就会和它失之交臂。

一位老教授退休后，拜访偏远山区的学校，传授教学与当地老师分享。由于老教授和蔼可亲，使得他到处受到老师及学生的欢迎。

有次当他结束在山区某学校的拜访过程，而欲赶赴他处时，许多学生依依不舍，老教授也不免为之所动。当下答应学生，下次再来时，只要他们能将自己的课桌椅收拾整洁，老教授将送给每个学生一份神秘礼物。在老教授离去后，每到星期三早上，所有学生一定会将自己的桌面收拾干净，因为星期三是每个月教授例行前来拜访的日子，只是不确定教授会在哪一个星期三来到。其中有一个学生的想法和其他学生不一样，他一心想得到教授的礼物留作纪念，生怕教授会临时在星期三以外的日子突然带着神秘礼物来到，于是他每天早上都将自己的桌椅收拾整齐。

但往往上午收拾好的桌面，到了下午又是一片凌乱，这个学生又担心教授会在下午来到，于是在下午又收拾了一次。想想又觉得不安，如果教授在一个小时后出现在教室，仍会看到他的桌面凌乱不堪，便决定每个小时收拾一次。到最后，他想到，若是教授随时到来，仍有可能看到他的桌面不整洁，终于他想清楚了，他必须时刻保持自己桌面的整洁，随时欢迎教授的光临。老教授虽然尚未带着神秘礼物出现，但这个学生已经得到了另一份奇特的礼物。

如故事中学生给我们的启示，自己准备妥善，得以迎接机会的到来，是可以循序渐进而学习的。

在过去的岁月中，或许我们一直在等待成功的机会，而耗去了过多的时光，却等不到机会的出现。从今天起，在等候的同时，我们可以开始做好准备，让自己保持最佳状态，以便机会出现时，可以紧紧抓住，不让它溜走。

我们可以提前做好准备，让自己随时保持最佳状态，以便敏捷地抓住周边的每一个机遇。

敢于冒险，才能抓住机遇

万梓泉

那些目光敏锐、头脑有准备的伟人和创业者，总能审时度势抓住机遇，取得成功。“商品”这个资本主义的产儿，自资本主义社会诞生之日起，就经常和人们打交道，走进千家万户。由于司空见惯，没有人对它特别注意。然而，马克思却紧紧抓住了它，并花费毕生的精力研究、剖析它，从而揭开了资本主义社会的内幕和秘密，写出了巨著《资本论》。我国江西省某县民办教师段元星，在极差的条件下，长期坚持业余观测，用目测方法独立发现了一颗新星。

事实说明，只要善于抓住现实闪现的机遇，加以利用，人人面前都会出现一条成功之路。比如上海的杨怀定靠“金融意识”，勇闯股市，发了大财。杨怀定的妻子攒下了5万元钱，若存在上海银行，一年利息3600元；存在金融改革试点城市温州，一年可多得2400元。杨怀定打定主意，将款存到温州去，但买了车票却没去。为啥？报上说4月21日起，上海可以自由买卖国库券，他又有了新打算。1985年的国库券，每百元挂牌卖出价108元，买进后需等两个月，每百元可赚37元。这比温州的储蓄利息收入高出许多。他当下买进了2万元。一转眼，国库券行情每百元又涨了4元，他立即又卖回给银行，转手之间赚了许多，旁人认为“这是投机”。杨怀定说：“这是金融意识。”这种“金融意识”，几年内一再起作用，杨怀定炒国库券、炒股票，早已成为百万富翁。

杨怀定之所以发财致富，就在于抓住了我国经济改革的机遇，顺势发展，取得成功。机遇每天都存在，但是，只有那些善于发现的人，才能发现机遇。

综合国力曾位居亚洲“四小龙”之首的韩国，20多年来持续高速发展，在激烈的国际竞争中审时度势，摸索出一些出奇制胜的“绝招”。在开拓国际市场时，韩国大公司往往是“明知山有虎，偏向虎山行”。有人说，国际上对哪个国家或地区实行经济制裁，韩国公司就把“触角”伸向哪里，叫人不能不钦佩韩国企业家敢于冒险的勇气。

在非洲，美欧等西方国家以打击国际恐怖活动为由，对利比亚长期实行经济制裁，西方企业家和商人大都认为，同卡扎菲打交道凶多吉少，避之唯恐不及。韩国大宇公司却乘虚而入，与利比亚有关部门签订了总额达35亿美元的建筑合同，令同行们垂涎三尺。在印度支那，美欧诸国一直对越南实行经济封锁，致使越南同西方国家没有多少经济往来。韩国的金星公司便趁机填补这一“真空”。越南穷得叮当响，无力支付进口费用，金星公司便同越南进行易货贸易，以积压的彩电换取越南的天然橡胶。大宇公司甚至把“触角”伸到了朝鲜北方，这样，有的工厂产品连“朝鲜制造”的商标都不用改。

这些大公司为什么要冒险，做别人不做的生意？大宇公司董事长金宇中说：“我到哪里都能闻到钱的味道，越是不安全的地方，获得的利润越大。”他解释说：“我并非盲目冒险。”比如，在利比亚，大宇公司在签订合同时向利比亚当局强调：这是别人不愿意干的工程，因此标价要高，而且要预付一部分工程款，以免承包商在遇到意外的情况时赔本。利当局没有多少选择余地，只得答应大宇公司的要求。况且在不少情况下，从赚钱的角度看，看上去似乎不安全的地方，实际上却很安全，有风险，也就有机遇。

由此可见，机遇与风险并存，只有敢于冒险的人，才能够抓住机遇，取得成功。而胆小慎微的人，即使机遇就在眼前，也不敢上前，只好眼看着机遇从面前消失。

敢于尝试才有赢的机会

万峥嵘

威尔逊在创业之初，全部家当只有一台分期付款赊来的爆米花机，价值50美元。第二次世界大战结束后，威尔逊做生意赚了点钱，便决定从事地皮生意。如果说这是威尔逊的成功目标，那么这一目标的确定，就是基于他对自己的市场需求预测充满信心。

当时，在美国从事地皮生意的人并不多，因为战后人们一般都比较穷，买地皮修房子、建商店、盖厂房的人很少，地皮的价格也很低。当亲朋好友听说威尔逊要做地皮生意，异口同声地反对。

而威尔逊却坚持己见，他认为反对他的人目光短浅。他认为虽然连年的战争使美国的经济很不景气，但美国是战胜国，它的经济会很快进入大发展时期，到那时买地皮的人一定会增多，地皮的价格会暴涨。

于是，威尔逊用手头的全部资金再加一部分贷款在市郊买下很大的一片荒地。这片土地由于地势低洼，不适宜耕种，所以很少有人问津。可是威尔逊亲自观察了以后，还是决定买下了这片荒地。他的预测是，美国经济会很快繁荣，城市人口会日益增多，市区将会不断扩大，必然向郊区延伸。在不远的将来，这片土地一定会变成黄金地段。

后来的事实正如威尔逊所料。不出3年，城市人口剧增，市区迅速发展，大马路一直修到威尔逊买的土地边上。这时，人们才发现，这片土地周围风景宜人，是人们夏日避暑的好地方。于是，这片土地价格倍增，许多商人竞相出高价购买，但威尔逊不为眼前的利益所惑，他还有更长远的打算。后来，威尔逊在自己这片土地上盖起了一座汽车旅馆，命名为“假日旅馆”。由于它的地理位置好，舒适方便，开业后，顾客盈门，生意非常兴隆。从此以后，威尔逊的生意越做越大，他的假日旅馆逐步遍及世界各地。

威尔逊的经历告诉我们：能否坚持自信与人生的成败息息相关。

大音乐家华格纳遭受同时代人的批评攻击，但他对自己的作品有信心，最后终于战胜世人。达尔文在一个英国小园中工作20年，有时成功，有时失败，但他锲而不舍，因为他自信已经找到线索，结果终得成功。

19世纪的英国诗人济慈幼年就成为孤儿，一生贫困，备受文艺批评家抨击，恋爱失败，身染痨病，26岁即去世。济慈一生虽然潦倒不堪，却不受环境的支配。他在少年时代读到斯宾塞的《仙后》之后，就肯定自己也注定要成为诗人。济慈一生致力于这个最大的目标，使他成为一位名垂不朽的诗人。有一次他说：“我想，我死后可以跻身于英国诗人之列。”

你自信能够成功，成功的可能性就大为增加。如果你自己心里认定会失败，就永远不会成功。没有自信，没有目的，你就会俯仰他人，一事无成。

要树立自信心就必须信任自己，相信自己。前世界拳击冠军乔·弗列勒每战必胜的秘诀是：参加比赛的前一天，总要在天花板上贴上自己的座右铭——“我能胜！”

我们都知道电话是贝尔发明的，可是很少有人知道，在贝尔之前，就有人发明了电话，但他没有努力去宣传和推广自己的成果，终于被埋没掉了；贝尔发明了电话后，起初也不被理睬和相信，但是他信心十足，不断利用各种机会广泛宣传，终于把电话推广开来。其他如萧伯纳、门捷列夫、居里夫人、诺贝尔等，都是靠自信获得成功的典范。

你自信能够成功，你敢于冒险一试，成功的可能性就会大大增加。

把优柔寡断统统抛掉

晋舒雅

机不可失，时不再来，这是一个浅显而深刻的道理。生活中有很多人一事当前总是寻找保险、举棋不定。在采取措施前一定要去和他人商量，这种主意不定、意志不坚的人，自己都不相信自己，也就更不会被他人所信赖。

有些人的优柔寡断简直到了无可救药的地步，他们不敢决定任何事情，不敢担负起应负的责任。而他们之所以这样，是因为他们不知道事情的结果会怎样——究竟是好是坏，是凶是吉。他们常常对自己的判断产生怀疑，不敢相信他们自己能解决重要的事情。当然因为他们的犹豫不决，也使他们自己美好的想法陷于破灭。

这是一个让人深思的故事：某地发生水灾，整个乡村都难逃厄运。村民纷纷逃生，一位上帝的虔诚信徒爬到了屋顶，等待上帝的拯救。不久，大水浸过屋顶，刚好有一只木舟经过，舟上的人要带他逃生。这位信徒胸有成竹地说："不用啦，上帝会拯救我的！"木舟就离他而去。片刻之间，河水已浸到他的膝盖。刚巧，有一艘汽艇经过，拯救尚未逃生者。这位信徒则说："不必啦，上帝一定会救我的。"汽艇只好到别的地方救其他的人。

几分钟后，洪水高涨，已到信徒的肩膀。这个时候，有架直升机放下软梯来拯救他。他死也不肯上机，说："别担心我啦，上帝会救我的！"

直升机也只好离去。最后，水继续高涨，这位信徒被淹死了。

死后，他升上天堂，遇见了上帝。他大骂："平日我诚心祈祷您，您却见死不救。算我瞎了眼啦。"

上帝听后叫了起来："你还要我怎样？我已经给你派去了两条船和一架飞机！"

机会只敲一次门，成功者善于抓住每次机会，充分施展才能，最终获得成功，得到命运意外而又意料之中的垂青。

对于成功来说，犹豫不决、优柔寡断是一个阴险的仇敌，在它还没有伤害我们、破坏我们、限制我们一生的机会之前，我们就要即刻把这一敌人置于死地。不要再等待、再犹豫，决不要等到明天，今天就应该开始。

要逼迫自己训练一种遇事果断坚定、迅速决策的能力，对于任何事情切不要犹豫不决。

有一个人，他从来不把事情做完，无论做什么事情，他都给自己留下重新考虑的余地。例如，他写信时不到最后一分钟，就决不肯封起来，因为他总担心还有什么要改动。他时常在把信都封好了，邮票也贴好了，正预备要投入邮筒之时，又把信封拆开，再更改信中的语句。最令人可笑的是，有一次他给别人写了一封信，然后又打电话去，叫人家把那封信原封不动立刻退回。这个人是个社会名人，在许多方面有着非常出色的才能与品格，但是正是由于他这种犹豫不决的习惯，使他很难得到其他人的信赖。

所有与他相识的人，都为他这一弱点感到惋惜。

拿不定主意和优柔寡断，对于一个人来说，实在是一个致命的弱点。它会破坏一个人的自信心，也可以破坏一个人的判断力，并大大有害于一个人的全部精神能力。

当然，对于比较复杂的事情，在决断之前需要从各方面来加以权衡和考虑，要充分调动自己的知识，进行最后的判断。一旦打定主意，就决不要再更改，不再留给自己回头考虑、准备后退的余地。一旦决策，就要断绝自己的后路。只有这样做，才能养成坚决果断的习惯，既可以增强自己的自信，同时也能博得他人的信赖。有了这种习惯后，在最初的时候，也许会时常作出错误的决策，但由此获得的自信等种种卓越品质，足以弥补错误决策可能带来的损失。

一个人的成功与果断决策的能力有着密切的关系。如果没有果断决策的能力，那么我们的一生，就像深海中的一叶孤舟，永远漂流在狂风暴雨的汪洋大海里，永远达不到成功的目的地。

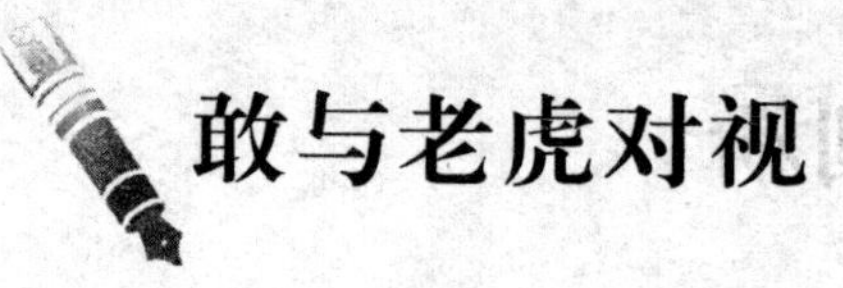

敢与老虎对视

丁灿文

对自己认可的事，我们要执著，因为只有透过内心深处，才能发现真实自我！

有一位老飞行员，接受了一项特殊的任务。不是扔炸弹也不是接名人，而是——运老虎，这是一只当作亲善大使之用的成年老虎，脑门的“王”字极有霸气。老虎很不服气被关在大铁笼子里，在被运上飞机的那一刻还不忘不大不小地叫了一声。

飞行员觉得很有趣，他在前面开飞机，身后就是老虎的铁笼子，和百兽之王进行如此面对面的交流，这种情况还真不多见。

开了一会儿，飞行员又回过头去瞧老虎。“上帝！”他不禁一哆嗦，老虎离他只有几步之遥，正在向他逼近。该死的铁笼子，竟然没有关严！

紧急之中，他没有大叫着乱跑，其实即使他这样做了也无路可退。相反，他睁大了眼睛，狠狠地盯着老虎，像一头发威的雄狮。

奇迹出现了。老虎和他对视了一会儿，竟然自己又走回到笼子里。飞行员化险为夷。

危险来临，不仅要有冷静的头脑，还要有冒险一试的精神。

有魄力才会有创新

翁希希

所谓创新的观念和意向，就是指对创新意义的认识和强烈的实现自我价值的意向。如果没有这方面的强烈意向或欲望，创新的活力将无法驱动。

所谓创新精神就是有胆量、勇气和知识超越已有的或传统的思想观念。科学文化乃至整个人类历史的进步都是人类创新精神的结果。拉马克否定传统的陈腐的生物学观念、达尔文否定拉马克进而形成进化论、爱因斯坦突破经典物理学的局限、郑板桥独创“板桥体”书法、亚历山大挥剑创造自己解开绳结的方法、哥白尼推翻以地球为中心的天文学说、拿破仑打破传统的作战规则、贝多芬改革交响乐的写作规则……与人类相关的各个方面的进步，无一不是创新精神使然。

创新精神的发挥有赖于突破传统思想、习惯行为和权威教条，独立思考，超越流行的束缚。它具体表现为：突破已有的研究成果的限制和消极影响；突破自身习惯性的心理束缚；克服现存文化上的障碍，如顶住不公正的舆论压力等。这就需要具有抛掉陈见的勇气，才能吸收新知识。如果只是重复已知的做法，就无法将技术或技艺琢磨得臻于完善，更不可能拥有新技术。为了不断完善、精益求精，就必须研究新事物、追求新方法，并从中找到有助于目前正在做事的方法，促使自己突破原有的条条框框的限制。

可以想象，终其一生都能不断创造的人，必定经历过许多变化。艺术家的一生往往有许多不同的面貌与时期。毕加索起

初以印象派登场,不久就开创了立体派。康德过了大半辈子之后,才起了大转变,完成《纯粹理性批判》之后,又有了一次重大的转变,先潜心于道德,转而研究美学。这就是说,不经过长期艰苦的努力,很难获得真正的提高。

不言而喻,这样的转变经常是痛苦的,也是波涛汹涌的。因为一旦投身于未知的、崭新的领域,就可能会完全失败。但是,变革总是发生在危险与风险逼近时,缺乏勇气,就永远谈不上进步。

但是,有很多人正是因为缺乏这种无畏的精神而对新的状况望而却步,踯躅不前。他们一旦到达某个阶段就开始惧怕新的事物,惧怕变化、惧怕成长。他们躲在自己的过去和家中以及自己的习惯里,就像靠退休金生活的人一样。他们一下子就从社会的舞台上消失,之后再也没有任何作品,更没有任何人再提起他们。可见,一个人想要保持创造力,不仅要有创造的欲望,还应具有推陈出新的勇气。这种勇气,不是与生俱来,更不能靠别人赐予,而要靠自己在实践中不断地积累、实践、升华。

一个人在熟悉的环境中生活久了,就会形成依赖性,造成安宁与舒适的假象。尤其是对于大多数人认可、赞赏的成绩,谁都不愿意轻易将之否定、抛弃。否定过去,对于任何人来讲,都是一种痛苦的体验,并可能造成不安全和畏惧的感觉。

在很多情况下,没有否定过去的魄力,就不可能更新观念,创造更高的成就。

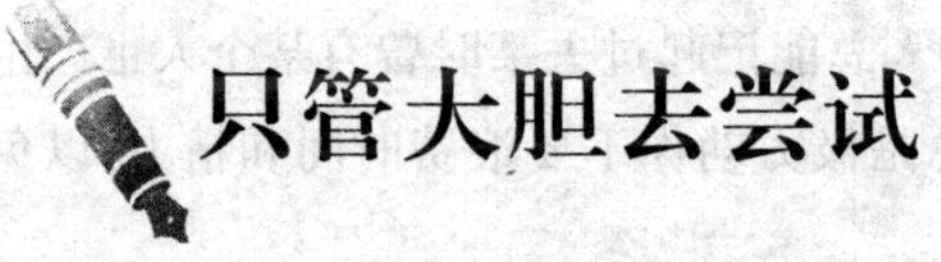

只管大胆去尝试

江涛飞

有这样一句话:历史的道路不是大街上的人行道,它完全是在田野中前进的,有时穿过尘埃,有时穿过泥泞,有时横渡沼泽,有时行经丛林。生活只有在平淡无味的人看来才是空虚而平淡无味的。

1990 年，在温布尔登举行的网球锦标赛女子组半决赛中，16 岁的前南斯拉夫选手塞莱丝与美国女选手津娜·加里森对垒。随着比赛的进行，人们越来越清楚地发现，塞莱丝的最大对手并非加里森，而是她自己。赛后，塞莱丝垂头丧气地说："这场比赛中双方的实力太接近了，因此，我总是力求稳扎稳打，只敢打安全球，而不敢轻易向对方进攻，甚至在加里森第二次发球时，我还是不敢扣球求胜。"

而加里森却恰恰相反，她并不只打安全球。"我暗下决心，鼓励自己要敢于险中求胜，绝不能优柔寡断、犹豫不决。"津娜·加里森赛后谈道，"即使是失了球，我至少也知道自己是尽了力的。"结果，加里森在比赛中先是领先，继而胜了第一局，后来又胜了一局，最终赢得全场比赛。当遇到严峻形势时，人们习惯性的做法是小心谨慎，保全自己。而结果呢？不是考虑怎样发挥自己的潜力，而是把注意力集中在怎样才能缩小自己的损失上。正像塞莱丝的经历一样，这种人的结果大都会以失败而告终，错过胜利的机会。

生活中，常有这样的现象，同样一件事，因为存在一定的风险，甲经过细算，认为有 60%的把握，便抢占时机，先下手为强，因而取胜。乙在谋划时过于保守，认为必须有 90%甚至 100%的把握才能下手，结果错失良机。

任何领域的领袖人物，他们之所以能够成为顶尖人物，正是由于他们勇于面对风险。美国传奇式人物、拳击教练达马托曾经一语道破："英雄和懦夫都会恐惧，但英雄和懦夫对恐惧的反应却大相径庭。"

年龄大一些的人，他们似乎什么世面都见过，因此总对我们讲一些不能做这不能做那的理由。我们刚产生了好主意，一句话还没说完，他们就像消防队员灭火般地向你泼冷水。这种人总能记起过去某时曾有某个人也产生过类似想法，结果惨遭失败，他们总是极力劝你不要浪费时间和精力，以免自寻烦恼。

美国一家大印刷公司的经理，曾回忆起他与自己公司一位会计员的一次谈话，这位会计员的理想是要成为他公司的审计长，或者创办她自己的公司。虽然她连中学都没毕业，但她却毫不畏惧。但随之而来地却是公司经理提醒她："你的会计能力不错，这一点我承认，但你应该根据自己的受教育程度,把目标定得更加切合实际些。”经理的话使她大为恼火,于是,她毅然辞职去追寻自己的理想。后来她成立了两个会计服务社,专门为那些小公司和新移民提供服务。现在,她在加州的会计服务社已发展到了5个办事处。其实,我们谁也不知道别人的能力限度到底有多大,尤其是在他们怀有激情和理想,并且能够在困难和障碍面前不屈不挠时,他们的能力限度就更难预测了。

无论做任何事情,开始时最为重要的是不要让那些总爱唱反调的人破坏了我们的理想。这世界上爱唱反调的人真是太多了,他们随时随地都可能列举出上千条理由,来说明我们的理想不可能实现。我们一定要坚定立场,相信自己的能力,努力实现自己的理想。

但是,当我们从事某项新事务时,失误便会伴随而来。无论是作家、销售人员,还是运动员,只要我们不断向自己提出挑战,就难免出现失误的风险。

吉姆·伯克晋升为美国翰森公司新产品部主任后的第一件事,就是要开发研制一种供儿童使用的胸部按摩器。然而,这种产品的试制失败了,伯克心想这下可能要被老板炒鱿鱼了。伯克被召去见公司的总裁,然而,他受到了意想不到的接待。“你就是那位让我的公司赔了大钱的人吗?”总裁问道,“好,我倒要向你表示祝贺,你能犯错误,说明你勇于冒险。而如果你缺乏这种精神,我们的公司就不会有发展了。”数年之后,伯克本人成了翰森公司的总经理,他仍牢记着前总裁的这句话。

勇于冒险求胜,我们就能比想象的做得更多更好。在勇敢冒风险的过程中,我们就能使自己的平淡生活变成激动人心的探险经历,这种经历会不断地向我们提出挑战,不断地奖赏我们,也会不断地使我们恢复活力。

香港商人陈玉书在他的自传《商旅生涯不是梦》里指出:“致富秘诀,在于大胆创新,眼光独到。譬如说,地产市场我看好,别人看坏,事实证明是好,我能发大财;反之,我看好,别人看坏,事实证明是坏,我便要受大损失,甚至破产;如果大家都看好,我也看好,事实证明是对了,则也仅仅能糊口而已。”

精明的人能谋算出冒险的系数有多大,同时做好应付风险的准备,则可以增加胜算。世界的改变、生意的成功常常属于那些敢于抓住时机，适度冒险的人。有些人很聪明，对不测因素和风险看得太清楚了，不敢冒一点险，结果聪明反被聪明误，永远只能平庸而已。实际上，如果能从风险的转化和准备上进行谋划，那么风险并不可怕。

生命运动从本质上说就是一种探险，如果不主动地迎接风险的挑战，便只能被动地等待风险的降临。

有限度地承担风险，无非带来两种结果：成功或失败。如果我们获得成功，我们就可以提升至新领域，显然这是一种成长；就算我们失败了，我们也可以很快清楚为什么做错了，学会以后该避免怎么做，这也是一种成长。

事实上，鼓励尝试风险的社会环境，有助于培养个人不满足于现状、勇于进取的精神，也有利于提高个人对市场变动的敏锐感。一个人往往在冒险并盘算着该做什么时，成长最快。一位日本专家指出：人类在长期的历史过程中，学到了很多智慧，也拥有了很多智慧，这能给人以更大冒险的可能性。但是，即使有可能性，也不能断定所有的人都敢于冒险。

要敢于冒险，敢于尝试，只有这样，才会创造并把握住更多的机会。

相信自己，珍惜好运

荣舍之

5 年前，我经营的是小本农具买卖。我过着平凡而又体面的生活，但并不理想。我们的房子太小，也没有钱买我们想要的东西。我的妻子并没有抱怨，很显然，她只是安于天命却并不幸福。

我的内心深处变得越来越不满。当我意识到爱妻和我的两个孩子并没有过上好日子的时候，感到了深深的刺痛。

但是今天，一切都有了极大的变化。现在，我有了一所占地 2 英亩的漂亮新家。我们再也不用担心能否送我们的孩子上一所好的大学了,我的妻子在花钱买衣服的时候也不再有那种犯罪的感觉了。明年夏天,全家都将去欧洲度假。我们过上了真正的生活。

这一切的发生,是因为我利用了信念的力量。5 年以前,我听说在底特律有一个经营农具的工作。那时,我们还住在克利夫兰。我决定试试,希望能多挣一点钱。我到达底特律的时间是星期天的早晨,但公司与我面谈还得等到星期一。晚饭后,我坐在旅馆里静思默想,突然觉得自己是多么的可憎。“这到底是为什么!”我问自己,“失败为什么总属于我呢?”我不知道那天是什么促使我做了这样一件事:我取了一张旅馆的信笺,写下几个我非常熟悉的、在近几年内远远超过我的人的名字。他们取得了更多的权力和工作职责。其中两个原是邻近的农场主,现已搬到更好的边远地区去了;其他两位我曾经为他们工作过;最后一位则是我的妹夫。

我问自己:什么是这 5 位朋友拥有的优势呢?我把自己的智力与他们作了一个比较,但我并不认为他们比我更聪明;而他们所受的教育,他们的正直、个人习性等,也并不拥有任何优势。终于,我想到了另一个成功的因素,即主动性。我不得不承认,我的朋友们在这点上胜我一筹。

当时已经快深夜 3 点钟了,但我的脑子却还十分清醒。我第一次发现了自己的弱点,深深地挖掘自己,发现缺少主动性是因为在我的内心深处,我并不看重自己。我坐着度过了残夜,回忆着过去的一切。从记事起,我便缺乏自信心,我发现过去的我总是在自寻烦恼,自己总对自己说不行、不行、不行!我总在表现自己的短处,几乎我所做的一切都表现出了这种自我贬值。终于我明白了:如果自己都不信任自己的话,那么将没有人信任你!

于是我做出了决定:我一直都是把自己当成一个二等公民,从今往后,我再也不会这样想了。

第二天上午,我仍保持着那种自信心。我暗暗以这次与公司的面谈作为对我自信心的第一次考验。在这次面谈以前,我希望自己有勇气提出比原来工资高750甚至1000美元的要求，但经过这次自我反省后，我认识到了我的自我价值，因而把这个目标提到了3500美元，结果我达到了目的。我获得了成功，是因为经过整整一个夜晚的自我分析以后，我终于认识到了自己的价值。

一块有磁性的金属，可以吸起比它重12倍的重物，但是如果你除去这块金属的磁性，甚至连轻如羽毛的重量它都吸不起来。同样地，人也有两类。一种是有磁性的人，他们充满了信心和信仰。他知道他天生就是个胜利者、成功者。另外一种是没有磁性的人，他们充满了畏惧和怀疑。机会来时，他们却说："我可能会失败；我可能会失去我的钱；人们会耻笑我。"这一类人在生活中不可能有成就，因为他们害怕前进，他们只好停留在原地。

害怕前进的人，不懂珍惜的人，永远只能停留在原地。

第三章

永远不能停住脚步

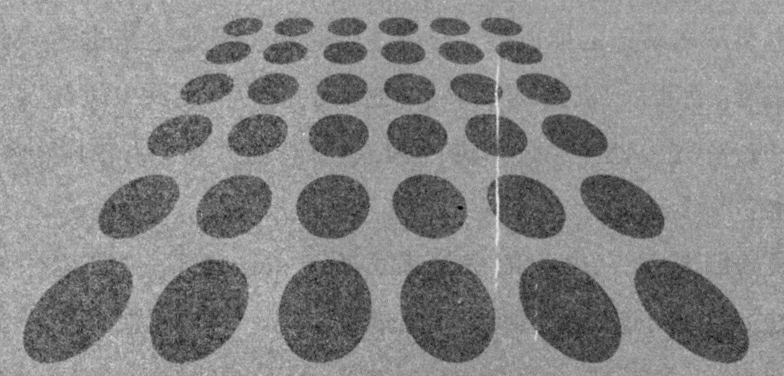

努力改变自己

谢景宏

“好莱坞向这个年轻人敞开大门，倘非绝后，那肯定也是空前的！”一位老资格的影评家这样说。这位影评家在贝佛利待得太久，感情自然日见枯涸，但那天却潸然泪下。

被评论的年轻人叫查里斯。他出生时，大夫告诉他的母亲：“趁现在还来得及——最好送他到疯人院去。”查里斯没去那儿，但家里却为此吃足了苦头。快3岁时，他才摇摇晃晃地会走第一步。整整一个冬天，他的两个姐姐带他坐在一面大镜子前，抓着他的手点着自己的鼻子，问他：“这是什么？”“嘴巴。”更糟的是，包括他父母亲在内，很少有人能听懂他说的话。4岁那年，他被送往“肯尼迪儿童中心”学习。在那儿，他终于有了长足的进步。一天，他捧回一个刻着“Cheerios”字样的盒子给母亲：“看，上面有我的名字！”（他的名字为：Chris）母亲高兴得流下了眼泪。

一天下午（那年他正好8岁）他翻出一本旧的照相本，里面有他的两个姐姐幼年时在电视广告中的剧照。他一下给迷住了，痴痴地一再嚷道：“我要……我也要上电视！”他的父亲忧心忡忡地劝道：“我实在看不出有这种可能性。”

查里斯却从没忘记他的梦。一有空，他便一遍遍地借助着录像带练习唱歌和跳舞。4年后，机会终于来了，他在学校的圣诞晚会上扮演一个牧羊人，唯一的一句台词是：“嗨，真逗！”为这句话，他反复练习了两个多星期，连在梦中也念叨不已。

演出的那天，观众席上的一位来宾听说了这件事。“真逗！”他对自己说。又过了10年，这位好莱坞制片人准备推出一部肥皂剧的时候，发现还少个跑龙套的角色。他抓起电话："嗨，小伙子，对好莱坞还有兴趣吗？"千里之外，查里斯热情洋溢的声音顿时打消了他的疑虑："好莱坞？太棒了！要知道我没有一天不想它呢！"

这样，查里斯22岁那年，他第一次来到了好莱坞，和那些大明星在一起，他感到无比高兴和激动，说话也变得流畅自然了。

电视剧原定于1987年9月播出，然而全美电视网联播公司拒绝购买播映权。查里斯的梦幻破灭了。

他又回到了原先工作过的单位。到1988年，他已有了令人羡慕的固定薪水。他的家人和一些朋友都为之欣慰，他们一再对他说："你必须忘掉那些关于好莱坞的陈词滥调，那扇门不会向你打开的！"但查里斯深信，门会开的。

好莱坞也没忘记他。不少人都说："让这个迷人的小伙子离开银幕太可惜了，何不再安排一次机会让他碰碰运气呢？"于是，一个编剧专为他写了一部家庭伦理片。剧中父子两人——儿子像查里斯一样，患有先天性残疾——相濡以沫，共度艰难人生。正式开拍那天，查里斯站在摄影机前，泪流满面。他想起了自己坎坷不平的人生道路，想起了父母亲过早花白的头发，想起了无数帮助过自己认识的和不认识的朋友，更想起了那些在疯人院中孤苦无助的同龄人。他泣不成声地对"父亲"道："天真黑！爸爸，拉我一把。你的手会给我温暖和勇气。让我们手拉手，共同走完这条人生路上泥泞的短暂的隧道……"

查里斯成功了。所有的评论都说，"这部影片可能不是最出色，但肯定是最感人的"。

一夜间，查里斯成了人们的偶像。信件铺天盖地般涌来。一个中学生来信说："我今年17岁，和你一样，我也患有严重的残疾。你是我心中的英雄。是你，改变了我的生活。"

"我不是英雄，"查里斯告诉他，"我只是努力去改变自己。也许，生活也就因此一天天地变得更美好。"

不管你的处境如何，都要怀有一个美好的愿望，不断地努力去改变自己。也许，你不能实现所有的梦想，但是，你的生活会因你的努力而变得更加美好，更加精彩。

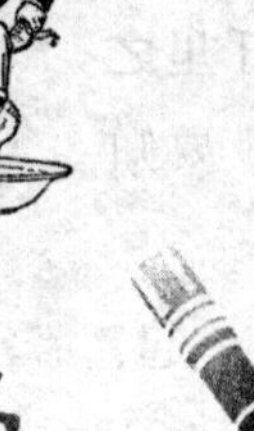

永不放弃，永不言败

方 珣

成功者不放弃不言败，放弃者、言败者不会成功。成功没有其他秘诀，唯一的秘诀就是抱定正确的目标，永不放弃、永不言败。永不放弃、永不言败是一种咬定青山不放松的坚韧，是一种对自我充分肯定的信念，是一种运筹帷幄、决胜千里的气概。

有人做了这样一个试验。

把一条鳄鱼放在一个中间被隔开的透明的玻璃缸中，缸中的一边放着鳄鱼，另一边则放了鳄鱼的美食——鱼虾。鱼虾和鳄鱼被玻璃从中隔开。开始的时候，饥饿的鳄鱼向玻璃对面的鱼虾发动了猛烈的进攻。第一次失败了，第二次被撞得头破血流，第三次、第四次还是如此，于是鳄鱼放弃了努力。当玻璃被撤掉后，游动着的鱼虾就在鳄鱼嘴边，但鳄鱼却没有做任何行动，最后被活活地饿死了。

鳄鱼之所以最后会被饿死，就是因为其经受不起失败，面对失败，它选择了放弃努力，而放弃最终导致了灭亡。

牛津大学曾举办了一个关于“成功秘诀”的讲座，邀请到了伟人丘吉尔做演讲。

演讲开始之前，整个会堂挤满了各界人士，人们准备洗耳恭听这位政治家、外交家、文学家的成功秘诀。丘吉尔在随从的陪同下走进了会场，会场上马上掌声雷动。

丘吉尔走上讲台，脱下大衣交给随从，然后又摘下了帽子，用手势示意大家安静下来，说：“我的成功秘诀有 3 个：第一是决不放弃；第二是，决不、决不放弃；第三个是，决不、决不、决不能放弃！我的讲演结束了。”

说完后，丘吉尔便穿上大衣，戴上帽子离开了会场。会场上陷入一片沉寂中。但不一会儿，全场就响起了雷鸣般的掌声。

在人生路上，我们要坚守“永不放弃”的两个原则：第一个原则是永不放弃，第二原则是当你想放弃时回头看看第一个原则：永不放弃！

成功者与失败者并没有多大的区别，只不过是失败者走了九十九步，而成功者却多走了最后一步，即第一百步。失败者跌倒的次数比成功者多一次，成功者站起来的次数比失败者多一次。

有许多人对失败的结论下得太早，当遇到一点点挫折时就对自己的工作产生了怀疑，甚至半途而废，那前面的努力就都白费了。

没有人喜欢失败，因为失败大多是一些痛苦的经验，甚至让你的人生受到重创。不过，一生顺利未曾尝过失败滋味的人，恐怕是少之又少，每个人或多或少都经历过失败，只是程度轻重的差别而已。

一般人几乎都是谈失败而色变。然而，若是换一个角度来看，失败其实是一种必经的过程，而且也是必要的投资。

其实，失败并不可耻，不失败才是反常，重要的是面对失败的态度，是能反败为胜，还是从此一蹶不振。一位美国人做过一个有趣的调查，发现有百万资产的企业家中平均有3.75次破产的记录。

艾科卡曾是美国福特与克莱斯勒两大汽车公司的总经理。事实上，艾科卡从21岁到福特汽车公司任职见习工程师开始，工作上就一直十分努力，要求自己事事都有完美表现。当然，最后他终于摇身一变成为福特公司的总经理。然而，他却在1878年7月13日被妒火中烧的老板亨利·福特二世开除了。

他个人在事业上可说是一帆风顺，绝对没想到自己竟会被老板开除。一夜之间，艾科卡如同从云端重重落下，人们远远避开他不说，就连过去公司的好同事也都抛弃了他，这可说是他生命中最严重的一次打击。

“艰苦的日子一旦来临，你除了做个深呼吸，并且咬紧牙关、继续奋斗之外,实在别无选择。”艾科卡曾经如此说道。所以他没有因此被打倒,反而接受了一个全新的挑战:应聘到濒临破产的克莱斯勒汽车公司出任总经理一职。他凭借着过人的智慧、胆识和魄力,大刀阔斧地对克莱斯勒企业进行整顿与改革,同时向政府求援、舌战国会议员,以便取得巨额贷款,重振企业雄风。

1893 年 7 月 13 日,艾科卡将面额高达 8 亿多美元的支票亲手交给银行代表。至此,克莱斯勒终于还清了所有的外债。巧合的是,5 年前的这一天,正是艾科卡被亨利 · 福特二世开除的日子。

有时看似逆境的情势,其实是展开顺境的起点,这全取决于你是否能将失败转化成铺设成功坦途的材料罢了。

失败不过是一个更明智的重新开始的机会。即使你具备经历考验的心理准备,可现实往往比理想的还要严峻,一连串的失败会接踵而至。虽然获得成功是这样困难,但如果你有永不言败的意志,就会成功地杀出一条血路,到那时,你就可以豪情满怀地大笑。只有那些具有坚强意志,正确看待失败的人,才能取得辉煌的战绩。只要心中永不言败,失败就会望而却步,促使你战胜失败取得成功。

爱迪生说:“伟大高贵的人物,最明显的标志就是有坚定的意志,不管环境变化到何种地步,它的初衷与希望仍然不会有丝毫的改变,而终能克服障碍达到所期望的目的。”

生命原本就是一场无形的赌博,在没有绝望之前,你必须赌下去。我们应该相信,没有永远的赢家,你也未必总是输。即使输毕竟我们还可以豪赌一场,似乎也不枉来人世历练一番。如果我们真的输得“分文皆无”,除去“赌”还有“搏”,那就从头再来,好好地搏上一场,或许还有收获的希望。至少我们还有时间为自己疗伤,至少我们还有生命做“本钱”。

永不言败绝非只是一句口号,而是植根于内心的一种信念和品质;是百折不挠,始终坚守的一个信条;是在任何情境,遭遇任何打击,决不言败的韧性;是必须实实在在,毫不含糊贯彻落实的行动。

永不言败是一种信心,是一种勇气,是一种锲而不舍的精神。只有坚持永不言败的进取精神,不断自我鞭策,自我激励,才能战胜困难,最后取得胜利。

要相信苦难不会持久

祁　蓉

在奥格·曼狄诺的演讲中,经常会提到罗伯特·斯契勒的故事。

一天,罗伯特·斯契勒来到芝加哥,要向一群中西部农民发表演说。虽然他满腔热忱,但很快便被他们凝重的面色泼了一盆冷水。他们强作热情地接待罗伯特,其中有位农民告诉他说:“我们正过着艰苦的日子。我们需要帮助。我们最需要的是希望,给我们希望吧。”

在罗伯特开始演讲前,主持人向这些听众作介绍,他把罗伯特形容为一个成功的人,但是听众不知道,罗伯特也曾走过他们现在所走的路。

罗伯特的童年是在中西部的一个小农场里度过的。他的父亲本来是一个雇农,后来攒够了钱才买了一个65公顷的农场。经济大萧条时,罗伯特还只有3岁。那年冬天,他们有时连买煤的钱也没有。那时候罗伯特也要工作,他要爬进猪栏,捡拾猪吃剩后的玉米棒子,用来做燃料。那些日子真苦啊!

第二年春天,又遇到严重春旱。罗伯特的父亲准备把辛辛苦苦留起来的几斗宝贵玉米用作种子。“种了可能枯死,何必还要冒险去种呢?”罗伯特问。

他父亲却说:“不冒险的人永无前途。”于是,他父亲把留起来的最后一些玉米粒和燕麦,全都拿出来种了。可是,第四个星期过去了,还不见有雨来临,父亲的脸绷得紧紧的。他和其他农民聚在一起祈祷,请求上帝拯救他们的田地和作物。后来,雷声终于响起,天下雨了!虽然罗伯特雀跃万分,但是他的父母知道雨下得不够。炎阳不久就再次出现,天气又热起来了。他父亲掐了一把泥土,只有上面1/4是湿的,下面全是粉状的干泥。

那年夏天，罗伯特看见弗洛德河逐渐干涸，小水坑变成泥坑，平时来回扭动的鲶鱼都死了。他父亲的收成只有半车玉米，这个收成和他所播的种子数量刚好相等。父亲在晚餐祈祷时说："慈爱的主，谢谢你，我今年没有损失，你把我的种子都还给我了。"当时并不是所有的农民都像他父亲那么有信心，一家又一家的农场挂起了"出售"的牌子。他父亲当时请求银行给予帮助，银行信任他，而且帮助了他。

罗伯特还记得童年时穿着补缀的大衣跟父亲去爱阿华银行，他记得那银行的日历上有这样一句格言："伟人就是具有无比决心的普通人。"他觉得父亲就是这种积极态度的榜样。

若干年后6月里的一个寂静下午，罗伯特家受到了龙卷风的侵袭。他们起初听到一阵可怕的怒吼声，慢慢地，风暴逐渐逼近了。忽然天上有一堆黑云凸了出来，像个灰色长漏斗般伸向地面。它在半空中悬吊了一阵子，像一条蛇似的蓄势待攻。父亲对母亲喊道："是龙卷风，珍妮！我们得赶快离开这里！"转瞬间，他们便已慌慌张张地开车上路。南行3公里之后，他们把车子停好，观看那凶暴的旋风在他们后面肆虐……到他们返回家后，发现一切都没有了，半小时前那里还有9幢刚刷过的房屋，现在一幢也不存在，只留下了地基。父亲坐在那里惊愕得双手紧握驾驶盘。这时，罗伯特注意到父亲满头白发，身体由于艰辛劳作而显得瘦弱不堪。突然间，父亲的双手猛拍在驾驶盘上，他哭了："一切都完了！珍妮！26年的心血在几分钟内全完了！"

但是，他父亲不肯服输。两星期后，他们在附近小镇上找到一幢正在拆卸的房子，他们花了50美元买下其中一截，然后一块块地把它拆下来。就是用这些零碎的东西，他们在旧地基上建了一幢很小的新房子。以后几年，又建筑了一幢幢的房屋。结果，他父亲在有生之年，看到了他的农场经营得非常成功。

讲完了自己的故事，罗伯特告诉听众："苦难不会持久，强者却可长存！"会场顿时响起热烈掌声。那些已经失去希望以及曾与沮丧情绪搏斗的人，重新获得了希望。他们有了新的憧憬，再度开始梦想未来。

当你面对艰苦日子的时候，千万不要泄气，不要绝望。要坚持硬挺下去。如果困苦好像达到极点的时候，你更要提醒自己：苦难不会持久，强者却可长存！

留心才能生悟

邓　震

明朝万历年间,中国北方的女真为患。

皇帝为了抗御强敌,决心整修万里长城。当时号称天下第一关的山海关,却早已年久失修,其中“天下第一关”的题字中的“一”字,已经脱落多时。

万历皇帝募集各地书法名家,希望恢复山海关的本来面貌。

各地名士闻讯,纷纷前来挥毫,但是依旧没有一人的字能够表达天下第一关的原味。

皇帝于是再下昭告,只要中选,就能够获得重赏。

经过严格的筛选,最后中选的竟是山海关旁一家客栈的店小二,真是跌破大家的眼镜。

在题字当天,会场被挤得水泄不通,官家也早就备妥了笔墨纸砚,等候店小二前来挥毫。

只见主角抬头看着山海关的牌楼,舍弃狼豪大笔不用,拿起一块抹布往砚台里一沾,大喝一声“一”,十分干净利落,立刻出现绝妙的“一”字。

旁观者莫不给予惊叹的掌声。

有人好奇地问他能够如此成功的秘诀。

他被问之后,久久无法回答。

后来勉强答道:“其实,我想不出有什么秘诀,我只是在这里当了 30 多年的店小二,每当我在擦桌子时,我就望着牌楼上的“一”字,一挥一擦就这样而已。”

原来这位店小二的工作地点,正好面对山海关的城门,每当他弯下腰,拿起抹布清理桌上的油污之际,视角正对准“天下第一关”的“一”字。

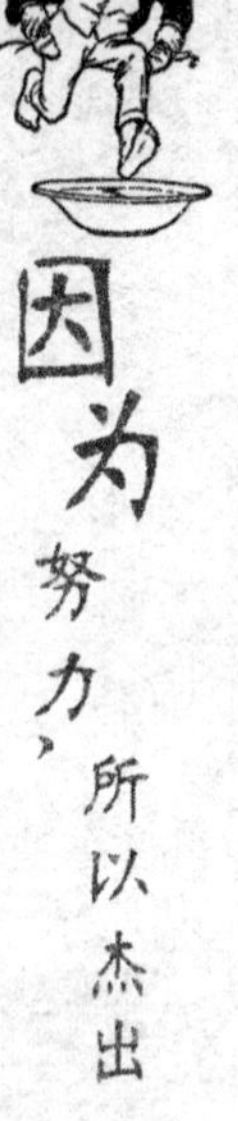

因此，他不由自主地天天看、天天擦，数十年如一日，久而久之，就熟能生巧、巧而精通，这就是他能够把这个“一”字，临摹到炉火纯青、惟妙惟肖的原因。

人生中有许多美好的事物值得我们去留心，只有处处留心，才能有所感悟，才能渐渐地提高悟性。反复练习才能做到熟能生巧，把一项本领练到这种境界，成功就是自然而然的事了。

执著地去敲成功之门

徐　铨

有个找工作的年轻人来到微软分公司应聘，金发碧眼的洋总经理一时没反应过来，因为公司没有刊登过招聘广告。见总经理疑惑不解，年轻人便用自己并不娴熟的英语解释说自己是碰巧路过这里，就贸然进来了。总经理听清后颇感新鲜，心想莫非对方真是个人才？便笑着说那今天就破例一次吧。

面试的结果却出乎意料。对总经理来说，这是他在微软任职以来所经历过的最糟糕的一次面试。年轻人的中专学历与微软所要求的本科学历不符，他对软件编程也只是略知皮毛，对于总经理提出的许多专业性问题，年轻人要么答非所问，要么根本就回答不上来，面试中双方几次陷入僵滞的尴尬局面。

面试结束，总经理显得很失望，他对年轻人说：“要知道微软公司人才荟萃，从高级管理到专业技术人员，都堪称业界精英，微软的大门不是能够轻易叩开的。”正当总经理要回绝他时，年轻人说：“对不起，这次我是因为事先没有准备。”总经理认为他只是找个托词下台阶，便随口说道：“那好，我给你两个星期时间，等你准备好了再来面试。”回去后，年轻人去图书馆借了计算机编程专业的书籍，然后足不出户在家昼夜苦读。两周后年轻人果然又去见总经理，总经理没有想到对方竟真会再次前来面试，但他还是要兑现当初的承诺。

第二次面试，年轻人对总经理提出的相关专业问题已基本能应付下来，不过他仍没有通过面试，因为凭他的编程知识与微软所要求的软件工程师水平相差实在太悬殊，但在总经理眼里，两周时间里能有如此进步已经是很不容易了，面试结束后，总经理建议性地问道：“不知你对微软的其他岗位是否感兴趣，比如销售部门？”年轻人接受了建议，可是对于销售他却一窍不通，于是总经理又给了他一周时间去准备。离开微软后，年轻人去书店买了一些关于营销的书籍，又埋头苦读一周。可令人感到晦气的是，一周后，年轻人虽然在销售知识方面进步不小，但他仍没能通过面试。无奈之下，总经理只能歉意地摇头并问年轻人：“为何你偏要应聘微软呢？”年轻人的回答令总经理大出意外，他说：“其实我并非只想应聘微软，我也知道微软录用人时的苛刻条件，我只是想哪怕不行，好歹也积累了一定的应聘经验。”总经理哑然之余，不乏幽默地说：“那我就多给你几次增长经验的机会。”结果为了应聘，年轻人总共在微软面试了5次，前后共用去两个多月的时间，而总经理也破天荒地给予这个普通的中国小伙子5次机会。

在第五次面试时，年轻人没有回答任何问题，因为当他第五次跨进总经理办公室时，总经理已经对他宣布，其实在第三次面试时他就已经成为微软的一员了，见中方副总经理疑惑不解，洋总经理解释说：“我发现他接受新东西的速度非常快，这说明他是一个有发展潜质的不可多得的人才，尽管他没有本科文凭，但微软将来的希望就在这些年轻人的身上，而且5次应聘他都没有退缩，这说明他很乐观，心理很健康；他还勇于尝试，敢于接受挑战，不放过哪怕百分之一的机会，这说明他有强者的素质。微软需要的不光是有知识和技能的员工，还需要那些有勇气和毅力的人。”不久，年轻人就得到了微软的重点培训。

这是个故事吗？不，这恰恰是发生在上海浦东新区的一个真实的应聘小插曲。在此事件中完全可以做这样一个假设：只要其中一方的观念是保守消极的，事情就会被搞得面目全非，甚至根本不会出现。精诚所至，金石为开。锲而不舍，金石可镂。在这惊人力量到来之前，有谁知道所谓“精诚”是付出了多少呢？是千折百回，是千锤百炼，是失败过一万次，还要一万零一次爬起的勇气和毅力！他做到了，他成功了。同时，机会从来只垂青那些有所准备的人。

微软公司的总经理是个睿智的有长远眼光的领导者、决策者，他给了年轻人从璞玉到美玉转变的机会，最终，他也取得了丰硕的成果：可以想见，这样一个百折不挠、聪明勇敢的年轻人将会给微软带来同样神话般的成果。

成与败全在你自己！

走向成功的步伐如果是100步的话，前面的99步固然重要，更为重要的是走完99步之后，不沮丧、不妥协，并坚定地走出最后那一步。

不要轻易被“拒绝”打败

沈　琼

《向你挑战》一书的作者廉·丹佛讲过这样一个事例：在美国麻省理工学院进行过一个有趣的实验，研究人员用铁圈将一个小南瓜整个箍住，以观察当南瓜逐渐长大时，对这个铁圈产生的压力有多大。研究人员希望了解这个南瓜能够在这个过程中，与铁圈互动产生多少的力道，以便了解这个南瓜能够承受多大的压力。

最初他们估计，南瓜最大能够承受大约500磅的压力，最后当研究结束时，整个南瓜承受了超过5000磅的压力后才使瓜皮破裂。他们打开南瓜，发现它中间充满了坚韧牢固的层层纤维，试图想要突破包围它的铁圈。为了吸收充分的养分，以便突破限制它成长的铁圈，它的根部延展范围令人吃惊，所有的根都往不同的方向伸展，最后这个南瓜独自接管并控制了整个花园的土壤与资源。

我们对于自己能够变成多么坚强都毫无概念。假如南瓜能够承受如此巨大的外力，那么人类在相同的环境下又能够承受多少的压力？只要敢于在充满荆棘的道路上奋进，大多数人能够承受超过我们所认为的压力。

桑德斯上校是“肯德基炸鸡”连锁店的创办人，他在年龄高达65岁时才开始从事这个事业。因为他身无分文且孑然一身，当他拿到生平第一张救济金支票时，金额只有105美元，内心实在是极度沮丧。他不怪这个社会，也未写信去骂国会，仅是心平气和地自问：“到底我能做出何种贡献呢？我有什么可以回馈的呢？”随之，他便思量起自己的所有，试图找出可为之处。

第一个浮上他心头的答案是“很好，我拥有一份人人都会喜欢的炸鸡秘方，不知道餐馆要不要？我这么做是否划算？”随即他又想到：“我真是笨得可以，卖掉这份秘方所赚的钱还不够我付房租呢！如果餐馆生意因此提升的话，那又该如何呢？如果上门的顾客增加，且指名要点用炸鸡，或许餐馆会让我从中抽成也说不定。”好点子固然人人都会有，但桑德斯上校就跟大多数人不一样，他不但会想，且还知道怎样付诸行动。随之，他便挨家挨户拜访，把想法告诉每家餐馆：“我有一份上好的炸鸡秘方，如果你能采用，相信生意一定能够提升，而我希望能从增加的营业额里抽成。”

很多人都当面嘲笑他：“得了吧，老家伙，若是有这么好的秘方，你干吗还穿着这么可笑的白色服装？”这些话是否让桑德斯上校打退堂鼓呢？丝毫没有，因为他还拥有天字第一号的成功秘诀，我们称其为“能力法则”，意思是指“不懈地拿出行动”：在你每当做什么事时，必得从其中好好学习，找出下次能做得更好的方法。桑德斯上校确实奉行了这条法则，从不为前一家餐馆的拒绝而懊恼，反倒用心修正说词，以更有效的方法去说服下一家餐馆。

桑德斯上校的点子最终被接受，你可知先前被拒绝了多少次吗？整整1009次之后，他才听到第一声“同意”。在过去两年时间里，他驾着自己那辆又旧又破的老爷车，足迹遍及美国每一个角落。困了就和衣睡在后座，醒来逢人便诉说他那些点子。他为人示范所炸的鸡肉，经常就是果腹的餐点。历经1009次的拒绝，整整两年的时间，有多少人还能够锲而不舍地继续下去呢？真是少之又少了，也无怪乎世上只有一位桑德斯上校。我们相信很难有几个人能受得了20次的拒绝，更别论100次或1000次的拒绝，然而这也就是成功的可贵之处。

如果你好好审视历史上那些成大功、立大业的人物，就会发现他们都有一个共同的特点，不轻易为“拒绝”打败而退却，不达成他们的理想、目标、心愿，就绝不罢休。华特·迪斯尼为了实现建立“地球上最欢乐之地”的美梦，四处向银行融资，可是被拒绝了302次之多。今天，每年有成百万游客享受到前所未有的“迪斯尼欢乐”，这全都出于这个人的决心。

多方努力去尝试，凭毅力与弹性去追求所企望的目标，最终必然会得到自己所要的，记住千万别半途而废。这句话说来简单，但我们相信你一定会从内心同意，就从今天起拿出必要的行动，哪怕那只是小小的一步。

一生的志愿

田晨丹

美国探险家约翰·戈达德15岁的时候，只是洛杉矶郊区一个没见过世面的孩子，他把自己一辈子想干的大事列了一个表。他把那张表题名为“一生的志愿”。表上列着：到尼罗河、亚马逊河和刚果河探险；登上珠穆朗玛峰、乞力马扎罗山和麦特荷恩山；驾驭大象、骆驼、鸵鸟和野马……每一项都编了号，一共有127个目标。

当戈达德把梦想庄严地写在纸上之后，他就开始抓紧一切时间来实现。

16 岁那年，他和父亲到了乔治亚州的奥克费诺基大沼泽和佛罗里达州的埃弗格莱兹去探险。这是他首次完成了表上的一个项目，他还学会了只戴面罩不穿潜水服到深水潜游，开拖拉机，并且买了一匹马。20 岁时他已经在加勒比海、爱琴海和红海里潜过水了。他还成为一名空军驾驶员，在欧洲上空作过 33 次战斗飞行。他 21 岁时已经到 21 个国家旅行过。22 岁刚满，他就在危地马拉的丛林深处发现了一座玛雅文化的古庙，同一年他就成为“洛杉矶探险家俱乐部”有史以来最年轻的成员。接着他就筹备实现自己宏伟壮志的头号目标——探索尼罗河。戈达德 26 岁那年，他和另外两名探险伙伴来到布隆迪山脉的尼罗河之源。紧接着尼罗河探险之后，戈达德开始接连不断地加速完成他的目标：1954 年他乘筏漂流了整个科罗拉多河；1956 年探查了长达 277 英里的刚果河。他在南美的荒原、婆罗洲和新几内亚与那些食人生番、割取敌人头颅作为战利品的人一起生活过；他爬上阿拉拉特峰和乞力马扎罗山；驾驶超音速两倍的喷气式战斗机飞行；写成了一本书《乘皮艇下尼罗河》；开始担任专职人类学者之后，他又萌发了拍电影和当演说家的念头，在以后的几年里他通过讲演和拍片为他下一步的探险筹措了资金。

将近 60 岁时，戈达德依然显得年轻、英俊，他不仅是一个经历过无数次探险和远征的老手，还是电影制片人、作者和演说家。戈达德已经完成了 127 个目标中的 106 个。他获得了一个探险家所能享有的最高荣誉，其中包括成为英国皇家地理协会会员和纽约探险家俱乐部的成员。沿途他还受到过许多人士的亲切会见。

戈达德在实现自己目标的征途中，有过 18 次死里逃生的经历。他说：“这些经历教我学会了百倍地珍惜生活，凡是我能做的我都想尝试。”

他指出，差不多每个人都有自己的目标和梦想，但并不是每个人都去努力实现它们。“检查一下你的生活，并向自己提出这样一个问题是很有好处的：‘假如我只能再活一年，那我准备做些什么？’我们都有想要实现的愿望，那就别犹豫，从现在就开始做起！”

敢于冒险尝试，是通向成功的必由之路。

专心就会成功

彭 誉

哈里·莱伯曼是个很喜欢下棋的老人，每天必到老年俱乐部和棋友下几个小时，下完棋后散步回家，日子过得闲适和安逸。

有一次，哈里·莱伯曼的棋友突然病了，没办法和他下棋了。俱乐部的管理员为他安排了其他的老人做他的棋友，他感觉不太适应，所以就放弃了。

老人心情沮丧地准备回家，明天再来。

这时俱乐部管理员建议："你可以试着尝试另一种娱乐方式，譬如去绘画。"

在俱乐部管理员的建议下，哈里·莱伯曼来到了俱乐部的画室，画室里摆着许多画，还有许多作画的工具。

俱乐部管理员说："先生，您可以先在这里试着画一画。"

哈里·莱伯曼听了哈哈大笑："你说什么，让我在这里作画，我可是从来没有摸过画笔。"

俱乐部管理员鼓励他说："那有什么关系，您可以试着画一幅，说不定你觉得感兴趣呢。"

于是，哈里·莱伯曼来到画架前，平生第一次摆弄起了画笔和颜料。哈里·莱伯曼在画室里待了一下午，觉得这一切真的很有意思，他对画画产生了兴趣，那一年他80岁。

哈里·莱伯曼决定学画画，别人都以为他说笑话，80岁高龄的人，头昏眼花，能画好吗？他还有多少时间画画呢？但他学了，而且学得很好。

哈里·莱伯曼81岁的时候，他到学校去上绘画课，开始积累绘画知识。他把自己的时间全部倾注在绘画上。他画得不但好，而且很特别。

1977 年,洛杉矶一家颇有名望的艺术陈列室举办了一次主题为“哈里·莱伯曼 101 岁”的画展。哈里·莱伯曼的作品被许多收藏家高价收藏,他的作品富有活力和想象力,运笔、意境俱佳,得到了评论界高度的评价。

哈里·莱伯曼创造了世界画坛上两个奇迹:一是高龄学画;二是画有所成。

一个人只要专注于一件事,年龄对于他来说,往往是可以忽略不计的。

越挫越勇

王　株

这个世界从来就不缺乏有梦想的人,但是并不是每个人都可以将自己的梦想实现。有多少人想要成为发明家,但真正的发明家却是屈指可数的;又有多少人想要成为文学家,但真正的文学巨匠却是寥若晨星的。

可是总会有那么一些人,无论条件如何艰苦,希望多么渺茫,世事如何改变,碰壁如何之多,他们也不会改变自己的初衷,他们是自己梦想的真正追求者。

在美国就有这样的一个人,一位穷困潦倒的年轻人,即使在身上全部的钱加起来都不够买一件像样的西服的时候,仍全心全意地坚持着自己心中的梦想,他想做演员,拍电影,当明星。

当时,好莱坞共有 500 家电影公司,他逐一数过,并且不止一遍。后来,他又根据自己认真制定的路线与排列好的名单顺序,带着自己量身定做的剧本前去拜访。

但第一遍下来,所有 500 家电影公司没有一家愿意聘用他。

面对 100%的拒绝,这位年轻人没有灰心,从最后一家被拒绝的电影公司出来之后,他又从第一家开始,继续他的第二轮拜访与自我推荐。

在第二轮的拜访中，500 家电影公司依然拒绝了他。多数人恐怕在第一轮还没有结束的时候就放弃了，谁会接受累计长达 1000 次的拒绝呢？但他会，他又开始了下一轮的拜访。

第三轮的拜访结果仍与第二轮相同。已经遭到拒绝 1500 次了，1500 次，光是数就要数好长时间的一个数字，很累，很烦，何况是遭到拒绝呢？没有人会坚持下去！“这样的人纯粹是个傻瓜。”多数人都会这么说。但这位年轻人还是咬牙开始了他的第四轮拜访，当拜访完第 349 家后，第 350 家电影公司的老板破天荒地答应愿意让他留下剧本先看一看。

几天后，年轻人获得通知，请他前去详细商谈。

就在这次商谈中，这家公司决定投资开拍这部电影，并请这位年轻人担任自己所写剧本中的男主角。

这部电影名叫《洛奇》。

这位年轻人的名字就叫席维斯·史泰龙。现在翻开电影史，这部叫《洛奇》的电影与这个日后红遍全世界的巨星皆榜上有名。

是金子，总是会发光的。不要害怕拒绝，太多的事情都不是一帆风顺的，只要坚信自己是金子，排除万难也要让自己发光。没有人能否定你的价值，除非你甘愿放弃。

终身努力的书法家

徐　朗

舒同是一位农民的儿子，一位在疆场上驰骋过的高级干部，他又是一位全国著名的书法家，现任中国书法家协会主席。他的首次书法展在北京举行时，吸引了众多书法爱好者前往参观。

这位早在井冈山时期就被毛泽东同志称为“党内一支笔，红军书法家”的舒同，其书法功力深厚，笔画遒劲，法度严谨，独具风格，被人们称道为“舒体”。1936 年延安抗日军政大学筹办时，有关同志请毛泽东题写校名。当时毛泽东正在撰写《实践论》，就推荐舒同写。“延安抗日军政大学”的校名和“团结、紧张、严肃、活泼”的校训便是出自舒同之手。舒同担任山东省委第一书记时，单是 1959 年，便和毛泽东 6 次在一起研究工作和探讨书法艺术。有一次，毛泽东游览济南大明湖时对舒同说：“乾隆的字到处有，但有筋没骨，我不怎么喜欢。”然而，他却常常向别人称赞舒同的书法好。

这位蜚声书坛的红军书法家，是江西省东乡县人。他的父亲以做农活兼营理发维持全家生活。当时虽然家境寒微，但是他父亲为了使儿子成才，还是硬撑着把他送进乡间的一所私塾。舒同回忆说：“我进私塾那年只有 6 岁，是家里人节衣缩食维持我就学的。从那时起我开始学习书法，并对它产生了浓厚的兴趣。”

小学和中学阶段的刻苦训练，为舒同炉火纯青的书法艺术打下了坚实的基础。由于家境贫寒，无钱买纸笔，他从河里拣来红粉石磨成红墨汁，把野黄瓜砸碎泡成黄墨水，从染布房要来废染料当黑墨汁，把嫩竹制成“毛笔”，用芭蕉叶当纸，便练将起来。他先是用清水写，干了再用黄水写，最后用黑染料写，如果能搞到一张马粪纸，就更是当做宝贝了。他 12 岁时，在家乡就小有名气了。他 14 岁时，家乡的一位拔贡先生做六十大寿，特邀舒同为他写庆寿书匾。当时舒同手执大笔，一挥而就斗大的字：“如松柏茂”。拔贡先生看后赞誉不止，说他的字刚健雄厚、大气磅礴，有开阔豪放的气概。

从此，他的书法在家乡引起了人们的关注。每当逢年过节，到他家请他写对联的人络绎不绝。舒同 16 岁就读于江西省第三师范学校的时候，就已经有很多人请他用宣纸写字，然后装裱起来作为艺术品欣赏，他当时的墨迹有些一直保存至今。可以说，这位大名鼎鼎的书法家的艺术基石，完全是在小学和中学时奠定的，靠的就是勤学苦练和孜孜以求的治学态度。概括地说，他从小立志开始走上成才之路，到中学时代进一步有意识地朝着自己选定的目标不懈努力，因而一步一个脚印地走进了自己所热爱的书法艺术的更高境界。

正是从小养成的习惯，使他在以后的年月中，不管是在硝烟弥漫的战场，还是在公务繁忙的领导岗位，甚至是被关在“牛棚”里，也始终坚持研究书法，而今，舒同的书法已经享誉国内，“舒体字”深得人们喜爱。

艺术之路是没有捷径可走的，只有付出艰辛的劳动，才会有所收获。在任何领域都是这样，终身努力，便成天才。

执著的梦想

赵静贤

很久以前，当阿利克斯倒霉的时候，他学会了忍耐与等待，并知道了坚持不懈所要付出的代价。

许多年轻人告诉阿利克斯说他们想当作家。阿利克斯总是表扬他们有这样的想法，但他也清楚地告诉他们，当作家和写文章是两回事。

在大多数情况下，这些年轻人梦想的是财富和声誉，而不是长时间地坐在打字机旁，在孤独和寂寞中自我奋斗。

阿利克斯对他们说：“你们想的是要发表作品，而不是想成为作家。”

实际上，写作是一项孤独、不为人知而且收入甚微的工作。在成千上万的作家中，只有极少数人能得到命运之神的垂青，而更多的人永远也实现不了他们的梦想。

连那些成功的人都承认，他们曾长时间被冷落，并为贫穷所困扰。阿利克斯也是这样。

当阿利克斯离开了工作20年的海岸警卫队而想成为一名自由作家时，他对前景一点儿把握也没有。

在纽约，他只认识乔治·西姆，他们是在田纳西州的海宁一起长大的伙伴。乔治是在格林尼治村的公寓大楼内一间干净的储藏室里看见阿利克斯的,他恰巧是公寓的管理员,而那储藏室就是阿利克斯的家。

这间小屋又阴又冷,而且没有浴室,但阿利克斯并不在乎这些。他赶紧买了一台旧的打字机,觉得自己真像个作家了。

大约过了一年,阿利克斯在写作上仍然没有什么突破,他有点儿怀疑自己的能力了。推销一篇作品是那么难,挣的钱只勉强能够糊口。但他深知自己的愿望是写作,这是他多年的梦想,他会继续为之奋斗,即使前方的路充满失败的恐惧与坎坷。

在那些日子里,希望就像幻影一样渺茫,大凡每个渴望成功的人,都领略过这种希冀与焦虑搅和在一起的滋味。

后来有一天,阿利克斯接到的一个电话改变了他的生活。但电话并不是代理人或编辑打来与他商量出书的事。与之相反,这是一个劝他放弃他的事业的充满诱惑的电话。打电话的人是他在三藩市海岸警卫队的一个老相识。阿利克斯曾经向他借过一些钱,现在,他想把钱要回去。“阿利克斯,你什么时候还我的 15 美元?”阿利克斯听得出他的讽刺。

“等我下次售出了文章吧!”阿利克斯回答说。“我倒有个不错的主意,”他说,“现在我们需要一位公共资料管理员,年薪是 6000 美元,如果你愿意的话,就来吧!”

年薪 6000 美元,这在当时可是一笔大数目!用它可以买一座不错的房子,一辆旧车,还能还清债务,没准儿还能剩几个钱,同时,他还可以一边工作,一边坚持写作。

就在这些美元在他脑子里狂飞乱舞的时候,一个根深蒂固的念头从阿利克斯内心深处闪出:“我一直梦想的是成为一名作家,一名专业作家,可我现在想的都是些什么呀!”“不了,谢谢你,我能坚持下去,我得写作。”阿利克斯回答得坚定而自信。放下电话,他独自在小屋中踱来踱去,觉得自己像个傻瓜。

打开墙上橘黄色的饭橱,拿出了里面仅有的存货——两瓶沙丁鱼罐头,又掏出了兜里仅剩的 18 美分,他一下子把两瓶罐头和仅有的 18 美分塞进了破纸篓里,对自己说:“阿利克斯,瞧瞧,这就是迄今为止您给自己挣来的全部财富!”他的情绪低落到了极点。

阿利克斯希望境况马上好转,但并没有如愿。感谢上帝,幸好乔治帮他渡过了难关。通过乔治,阿利克斯认识了一些艺术家,他们也在为实现自己的梦想苦苦奋斗。

例如约·戴乐尼,他是位绘画能手,但他总是缺吃少穿的,每逢这时,他就去临街的屠户那儿要个大骨头——尽管上面仅挂着一星半点儿的肉。再从杂货铺那儿要点儿蔫菜叶,用这两样东西就能做上一顿可口的家乡汤喝。

还有一位同村人是年轻英俊的歌唱家,他努力经营着一家餐馆。据说,如果有位顾客想吃一份牛排,他马上就会跑到街那头的超级市场买来。

他的名字叫哈利·贝勒弗特。像戴乐尼和贝勒弗特这样的人给阿利克斯树立了榜样,他懂得要实现梦想,就必须做出一些牺牲,并要想尽办法维持生计。这就是在成功的幻影下生活的全部内容。

吸取教训后,阿利克斯渐渐开始出售一些文章,他坚信自己一定会干出点名堂的。

实现梦想是漫长而艰难的跋涉,就在他离开海岸警卫队第十七年,他的作品《根》发表了。一瞬间,阿利克斯便获得了几乎是空前的声誉与成功,生活的幻影变成了炫目的光环。

善于等待的人最终能够得到他想得到的一切。要想实现远大的理想,就必须做出一些牺牲。经过漫长而艰难的跋涉,才能到达理想的彼岸。

今日事今日毕

祝远亮

贝多芬耳聋以后,他对学习和创作更加勤奋,对时间也倍加珍惜了。为了让艺术的火花永不熄灭,他每天都要长时间地练习弹琴,弹得多了,手指发热,他就在琴旁的凉水盆里泡一泡接着再弹,不知不觉中,多少个时辰过去了,水掉在地板上积少成多,最后竟从地板缝里漏到了楼下的屋子里……

贝多芬懂得勤奋者既要珍惜时间,同时又要在事业上舍得花费时间。

他对创作的态度非常认真,他的作品不仅在动笔之前要经过反复思考,而且完成之后还要不断修改。著名的《莱昂诺拉》序曲,他写了不下四稿;为歌剧《菲德利奥》第二幕开始的一个引子,竟改写了十八次之多。贝多芬身边一直没有什么亲人,只是他的弟弟卡尔给他留下的一个侄儿。他把希望寄托在小卡尔身上,他想把小卡尔领上高等教育之路,并给侄子筹划了无数美妙的前程。

可是,小卡尔却辜负了伯父的希望,他去经商,结果负债累累,迫于债务,他朝自己头上打了一枪,但并没有死掉,然而贝多芬却受到巨大的创伤,几乎丧命。侄子康复后,贝多芬仍然为侄子的前程四处奔走,归途中他得了肋膜炎性的感冒,在维也纳病倒了。朋友们都不在跟前,他让侄子去请医生,在那样的时刻,时间对于艺术家来说,该是多么宝贵啊,可是这个浪荡的不肖之徒竟然忘掉了这件事,两天后才重新想起。等到医生来了,贝多芬病情早已恶化,虽经3次手术,但却医治无效,终于咽下了最后一口气。

人拥有的东西没有比光阴更贵重、更有价值的了，所以千万不要把你今天应做的事拖延到明天去做。

请再试一次

胡　楠

高三上学期，学校召开“招飞动员大会”，号召全校理科毕业班男生踊跃参加空军组织的招飞体检。同学们跃跃欲试，谁都可以报名，但谁都没信心。因为自学校成立以来，年年参加飞行体检，却从来没有人被录取过。大家都知道招飞体检要求之严、标准之高远非我们这些乡下孩子所能达到。但是，我们这些正处在做梦年龄的大男孩哪个不向往驾着战鹰遨游蓝天，当一个威风凛凛、人人羡慕的空军飞行员呢？就算通不过，也要去试一试！

于是我和同学一起报了名，也轻而易举地通过了学校和南阳地区组织的初检。这没什么可高兴的，因为每年都是初检通过一大堆，到全面体检时全县只有那么两三个甚至全军覆没。

盼望已久的全面体检终于来临了。我们乘长途汽车来到省会郑州，准备参加激烈的角逐。从小到大一直生活在农村的我第一次来到繁华的大都市，简直惊呆了，高楼大厦、霓虹闪烁，这样精彩的世界，我却只能坐在车上看看！“要是我能当上飞行员……”心里想着，暗暗为自己鼓劲：一定要全力以赴！遗憾的是我的美梦还没做到一半就彻底破灭了。当我坐上电动转椅边摆头边转动了60圈后，就感到天旋地转、头晕目眩，甚至还恶心，不多时就冒冷汗、呕吐。体检的女军医遗憾地对我说：“小伙子，看来你不适合开飞机，要知道开飞机是不能有任何差错的。回去好好读书，考别的大学也一样。”

我的眼泪夺眶而出，默默地走回住处，对带队老师说我想一个人先回去。当晚我就坐火车到南阳,又转乘汽车回到学校。回到课堂我无心学习,虽然失败是意料中的事,但我仍觉得不甘心。一天后,我隐约感到自己的身体状态比体检时好多了,会不会是因身体不舒服而遭淘汰?

我清楚地记得体检前一天晚上由于感冒,便吃了一粒康泰克。天哪,如果真是因为这,那我就太亏了！正当我呆呆地抱怨命运的不公时,一个念头在我脑海中一闪而过:请求复检！这在当时大多数人的眼里,简直是一个天大的玩笑。我自己也觉得是。因为除了带队老师,没有一个人能帮我说得上话,而带队老师的作用在体检中几乎可以忽略不计。而且我已经回来了,等我再赶去,说不定都结束了……但所有这些统统被我越来越强烈的念头压倒了:我一定要再试试！当机会还没有完全溜走时,我还可以回去,冲过去抓住它!

我立即找来一张稿纸,给主检官写一封言辞恳切的信:“主检官同志,我从700里外借路费赶来,因为我的一生中这样的机会只有一次,所以我要珍惜,请再给我一次机会……”中午下了课我就向同学借了80元钱,怀揣那封信,下午从南阳坐火车,晚上赶到郑州。到达住宿地点华豫宾馆后,却被告知我们县的带队老师和学生刚刚退房返校,这下我彻底傻眼了,本来还指望他帮我说说情的。没办法,只好先找地方住下。第二天一大早我就赶到体检中心,一位学生告诉我:“你们南阳地区的体检早结束了,现在是漯河和许昌地区。”又一记闷棍！这下难度更大了。我鼓足勇气,硬着头皮敲开了主检官的办公室。年纪较大的主检官和几名中年军官不约而同地把目光投向我。由于紧张,我结结巴巴,无法流利表达。幸亏我早有准备,从怀里掏出课堂上写的那封信,递给那位老者。老者看完信后递给另一位军官看,并微笑着问:“主检官同志,怎么样,能否再给一次机会?”军官点点头:“那好吧。”听到这句话,我欣喜若狂。主检官叫来一位年轻的军官,吩咐:“把这个学生的体检表找出来,再让他试试。”于是,我的体检表又被从一堆即将被销毁的废纸堆中扒了出来。

如我所料,转椅轻松过关,之后我一路过关斩将,几乎全是绿灯,毫无阻拦地通过了全面体检。3天后我一个人凯旋返校,同学们都伸出大拇指:“真是士别三日,当刮目相看啊!”就凭着那勇敢的再试一次,我考上了空军飞行学院，几年后我成了一名空军军官。

当机会将去未去时，不要被暂时的挫折击倒，鼓起勇气，再试一次！

既然你已经接近胜利之门，为什么不敲一下呢？是的，再试一次，或许便是阳光明媚。

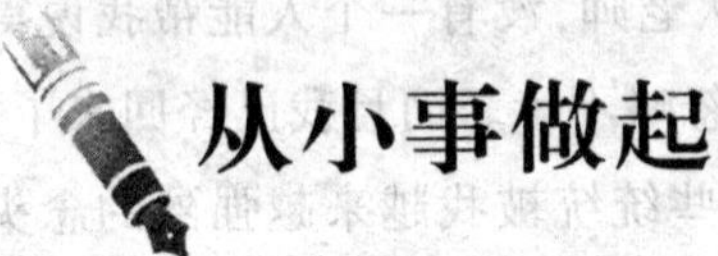

从小事做起

萧　琪

美国西部是一个非常诱人的地方，许多人都跑到那里打工，梦想到那里捞一把，挣更多的钱。

其中有两个年轻人，一个是约翰，一个是斯蒂芬，他们在路上偶然相遇了，说起去打工的事情，两个人都对未来充满了希望，他们来到美国西部，就开始不断地寻找机会。

有一天，二人同行时，有一枚硬币躺在地上，约翰看也不看就抬着头过去了，而斯蒂芬却毫不犹豫地把那枚硬币捡了起来。约翰看着斯蒂芬不由得露出了鄙夷的神情，他想：真没出息，一枚硬币也要捡，哪像干大事业的人！而斯蒂芬却想：看着让钱白白地从身边溜走，怎么能成就大事业呢？

两个人同时走进一家小公司。工作很累，工资也低，约翰不屑一顾地走了，而斯蒂芬却高兴地留了下来，努力地工作着。约翰走了一家又一家公司，他在不断努力地寻找着机会。两年后的一天，两人在街上相遇了，斯蒂芬由于努力地工作，已经干出了一番事业，自己成了老板，而约翰却仍然没有一个固定的工作。

约翰感到非常不理解：斯蒂芬是一个连硬币都捡的人，这么没出息，怎么就做出一番事业了呢？

不肯从小事做起的人注定不能成功。因为你连一枚硬币都不要，只是一味地盯着大钱，而大钱总是在明天啊！小钱都抓不住，怎么能抓住大钱呢？

只要努力就会成功

朱　斓

奥格·曼狄诺相信：只要你持续不断地努力，就能够战胜一切困难，克服一切障碍，完成一切任务。

如果你曾经到过新奥尔良的码头，毫无疑问，你一定会被一艘艘拖船拉着沿密西西比河成排的货船这样的画面所震慑。

一艘不过 30 英尺长的小拖船，却可以拉着一长排每艘重量超过 1 万吨的货船。拖船之所以具有这种不可思议的力量，秘诀在哪里呢？

答案是拖船船长知道如果慢慢地一点一点拖动它，就能使它乖乖听话。如果他想以蛮力强迫一艘运油船改变方向，那是不可能的事，无论他如何加足马力或撞击运油船，都没办法做到。

但如果这么一点一点来，然后在某一时机作适当的动作，他就能做成不可思议的事情。

这对于完成一个交易的启示是什么？那就是一点一点地来，你就能完成难以想象的艰巨任务。你可以扭转最顽固的买方，让他改变心意下订单给你，只要你持续不断地努力。

罗杰·道森曾使用“拖船成交策略”成功地向银行贷到 25 万美元的贷款。他一度和一个投资家共同拥有 33 栋房子，后来他想将对方全部的所有权买过来。要达成这目的，他必须找到一家银行在对房子只有第二顺位的债权下，愿意提供他们 25 万美金的贷款。

一开始，银行拒绝这么高风险的放款。罗杰·道森便要求和他们刚上任的副总经理碰面。后来他发现只要和副总经理洽谈的时间够久，就很有机会拿到想要的放款。

经过一小时的洽谈，副总经理同意只要他存了10万美元的定存当担保，自己便同意放款25万美元。但道森并未因此做罢。他不断地重申自己的立场，持续地打扰他，就这么经过另一个小时的缠斗后，对方同意只以房子为担保品的情况下放款。

尽管他在一分钟前、一小时前或是昨天告诉你否定的答案，却不代表在你下次问他时，他也会给你否定的答案。持续努力，在适当的时机做适当的动作，你就可能让一块顽石点头。

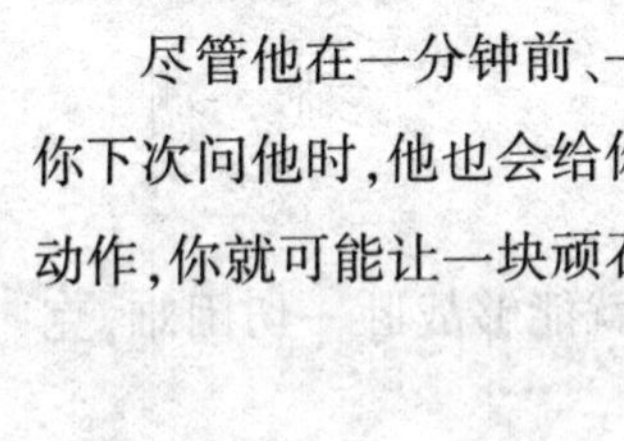

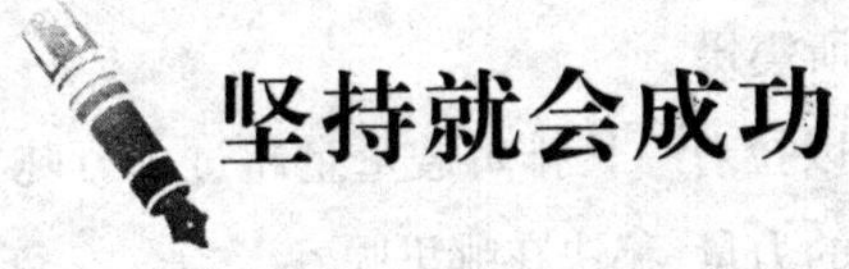

坚持就会成功

张 维

老亨利是一家大公司的董事长，每年利润就有上百万。但他年过七旬仍不愿意在家里享清福，每天都到公司来巡视。

老亨利对员工很和善，从不发脾气，看见有人工作没做好，他就会用手拔出含在嘴里的大雪茄，说："伙计，没关系，别灰心，再坚持一下，准能成功。"说完还拍拍对方的肩膀。他这种做法很得人心，全公司上下都十分卖劲地工作，谁也不偷懒。一天，新产品开发部经理马克向老亨利汇报："董事长，这次试验又失败了，我看就别搞了，都第23次了。"马克皱着眉头，瘦削的脸上神情十分沮丧。办公室里温暖如春，各种装饰品闪闪发光，米黄色的地板一尘不染。看到这些，马克就想起自己经常停暖气的公寓，什么时候自己也能拥有这样的房子？再瞧瞧歪靠在皮椅上的董事长，脑门被阳光照得泛着亮光,这老头有啥本事成为这么大家业的主人?马克心里暗想。

“年轻人,别着急,坐下。”老亨利指了指椅子,“有时候事情就是这样,你屡干屡败,眼看没有希望了,但坚持一下,没准就能成功。”老亨利将一支雪茄塞进他的嘴里。“董事长,我真没办法了,您是不是换个人。”马克的声音有些沙哑。

“马克,你听我说,我让你搞,就相信你能搞成功。来,我给你讲个故事。”老亨利吸了一口雪茄,缕缕青烟在他脸旁袅袅上升,他眯着眼睛开始讲起来:

“我也是个苦孩子,从小没受过教育,但我不甘心,一直在努力,终于在我31岁那年,发明了一种新型节能灯,这在当时可是个不小的轰动。但我是个穷光蛋,要进一步完善还需要一大笔资金。”

“我好不容易说服了一个私人银行家,他答应给我投资。可我这个新型节能灯一投放市场,其他灯就会没销路了,所以有人暗中千方百计阻挠我成功。可谁也没想到,就在我要与银行家签约的时候,我突然得了胆囊症,住进了医院,大夫说必须做手术,不然有危险。那些灯厂的老板知道我得病的消息就在报纸上大造舆论,说我得的是绝症,骗取银行的钱来治病。”

“这样一来,那位银行家也半信半疑,不准备投资了。更严重的是,有一家机构也正在加紧研制这种节能灯,如果他们抢在我前头,我就完蛋了!当时我躺在病床上万分焦急,没有办法,只能铤而走险,先不做手术,仍如期与那位银行家见面。见面前,我让大夫给我打了镇痛药,在我的办公室见面时,我忍住疼痛,装作没事似的,和银行家拍肩握手,谈笑风生,但时间一长,药劲过去了,我的肚子就跟刀割一样疼,后背的衬衣都让汗水湿透了。可我咬紧牙关,继续和银行家周旋,我心里只剩下一个念头:再坚持一下,成功与失败就在能不能挺住这一会儿。病痛终于在我强大的意志力下低头了,自始至终,在银行家面前,我一点儿破绽也没露,完全取得了他的信任,最后我们终于签了约。”

“我送他到电梯门口,脸上还带着微笑,挥手向他告别。但电梯门刚一关上,我就扑通一下倒在地上,失去了知觉。隔壁的医生早就准备好了,他们冲过来,用担架将我抬走。后来据医生说,当时我的胆囊已经积脓,相当危险！知道内情的人无不佩服我这种精神。我呢，就靠着这种精神一步步走到现在。”

老亨利一口气将故事讲完，他的头靠在皮椅上，手指夹着仍在冒烟的半截雪茄，闭起了双眼，仿佛沉浸在对往日的回忆中。这时屋里静极了，只有墙上大挂钟的滴答声。马克被老亨利的故事感动了，他望着董事长那油光发亮的前额，眼眶里闪动着晶莹的泪花，感到万分羞愧。唉，和董事长相比，自己这点困难算什么？从董事长身上他看到一种精神，而这精神就是创造财富的真谛！董事长无愧于这个庞大公司的主人，无愧于这间高大宽敞、摆放着高级硬木家具房屋的拥有者。“董事长，您刚才讲得太动人了，从您身上我真的体会到了再坚持一下的精神。我回去重新设计，不成功，誓不罢休！”马克挺着胸，攥着拳，脸涨得通红，说话的声音都有些颤抖了。

事实是最好的证明，在试验进行到第 25 次的时候，马克终于取得了成功。

有些时候，也许只是少了那么一点点坚持，成功就会与你擦肩而过。坚持一下下，你就会取得成功。

把命运转换成使命

黄　杨

在古希腊神话中，有一个叫西齐弗的家伙。

西齐弗因为在众神居住的天堂触犯了条律，被至高无上的天神惩罚。

西齐弗被罚到人世间来受苦受难。

权威的天神对他作出的惩罚很严厉，惩罚是：要把一块巨大的圆石推上高高的山顶。

于是，每天早上起来，西齐弗做的唯一一件事情就是费尽气力把那块圆石推到山顶上，然后回家休息。

可是，在他休息的时候，圆石在山顶站立不稳，又会自动地滚落下来。

不得已，西齐弗又要把那块巨大的圆石推上山头。

长此以往，西齐弗面临着这样的困境：永无止境的失败。

天神要惩罚西齐弗，也就是要蹂躏他的心灵，磨难他的躯体，使他在“永无止境的失败”的命运中受尽苦难。

可是，西齐弗从一开始就不肯认命，拒绝承认失败。

每次，在他推着石头上山的时候，天神都会在耳边不断地打击他，告诉他这样是永远不可能成功的。

西齐弗不肯被成功和失败的圈套困住，一心想着：推石头上山是我的责任，只要我把石头推上山顶，我的责任就尽到了。至于石头是否会滚下来，那不是我的事。

再进一步，当西齐弗努力推石头上山的时候，他心中波澜不惊，时时安慰自己：明天还有石头可推，明天就还有希望。

天神看到西齐弗如此地坚强和固执，知道这样的惩罚已经于事无补，于是天神就赦免了西齐弗，不得不放他回天界了。

当我们面对命运的挫折和失败时，我们要保持精神不会垮台。我们要用阳光的心情，笑对生活的每一天。我们要时刻告诉自己：一时的磨难，只是对自己意志的一种考验！

走过前面那条河

张 华

某一天，上帝宣旨说，如果哪个泥人能够走过他指定的河流，他就会赐给这个泥人一颗永不消逝的金子般的心。

这道旨意下达之后，泥人们久久都没有回应。不知道过了多久，终于有一个小泥人站了出来，说他想过河。

“泥人怎么可能过河呢？你不要做梦了。”

“你知道肉体一点儿一点儿失去时的感觉吗？”

“你将会成为鱼虾的美味，连一根头发都不会留下……”

然而，这个小泥人却决意要过河。他不想一辈子只做这么个小泥人。他想拥有自己的天堂，但是，他也知道，要到天堂，得先过地狱。

而他的地狱，就是他将要去经历的河流。

小泥人来到了河边。犹豫了片刻，他的双脚踏进了水中。一种撕心裂肺的痛楚顿时覆盖了他，他感到自己的脚在飞快地溶化着，每一分每一秒都在远离自己的身体。

“快回去吧，不然你会毁灭的！”河水咆哮着说。

小泥人没有回答，只是沉默着往前挪动，一步、一步。这一刻，他忽然明白，他的选择使他连后悔的资格都不具备了。如果倒退上岸，他就是一个残缺的泥人；在水中迟疑，只能够加快自己的毁灭；而上帝给他的承诺，则比死亡还要遥远。

小泥人孤独而倔强地走着。这条河真宽啊，仿佛耗尽一生也走不到尽头似的。小泥人向对岸望去，看见了美丽的鲜花、碧绿的草地和快乐飞翔着的小鸟，也许那就是天堂的生活，可是他付出一切也几乎不能抵达。上帝没有赐给他出生在天堂当花草的机会,也没有赐给他一双当小鸟的翅膀。但是,这能够埋怨上帝吗?上帝是允许他去做泥人的,是他自己放弃了安稳的生活。

小泥人以一种几乎不可能的方式向前挪动着,一厘米、一厘米、又一厘米……鱼虾贪婪地啄着他的身体。松软的泥沙使他每一瞬间都摇摇欲坠,有无数次,他都被波浪呛得几乎窒息。小泥人真想躺下来休息一会儿啊。可他知道,一旦躺下他就会永远安眠,连痛苦的机会都会失去。他只能忍受、忍受、再忍受。奇妙的是,每当小泥人觉得自己就要死去的时候,总有什么东西使他能够坚持到下一刻。

不知道过了多久——简直就到了让小泥人绝望的时候,他突然发现,自己居然上岸了。他如释重负,欣喜若狂,正想往草坪上走,又怕自己身上的泥土玷污了天堂的洁净。他低下头,开始打量自己,却惊奇地发现,他已经什么都没有了——除了一颗金灿灿的心,而他的眼睛,正长在他的心上。

他什么都明白了:天堂里从来就没有什么幸运的事情。花草的种子先要穿越沉重黑暗的泥土,才得以在阳光下发芽微笑;小鸟要跌打,失去了无数根羽毛,才能够锤炼出凌空的翅膀;就连上帝,也不过是曾经在地狱中走了最长的路,挣扎得最艰难的那个人。作为一个小小的泥人,他只有以一种奇迹般的勇气和毅力,才能够让生命的激流荡清灵魂的浊物,然后,照到自己本来就有的那颗金质的心。

其实,每一个泥人都有一颗金质的心,我们每一个人都可能获得自己的天堂,关键是你想不想去获得,敢不敢去获得,会不会去获得,以及怎样去理解和认识这种获得。

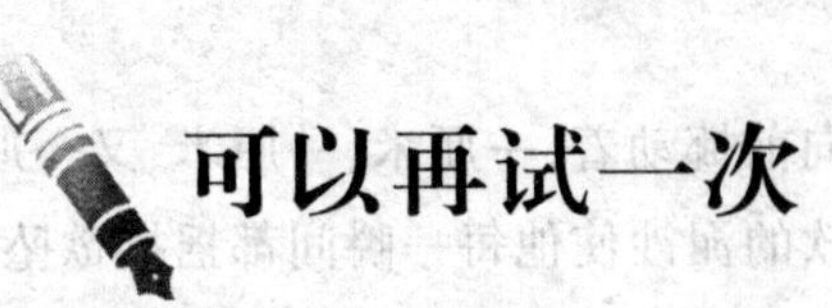

可以再试一次

赵旭斌

有个年轻人去微软公司应聘，而该公司并没有刊登过招聘广告。看到总经理疑惑不解，年轻人用不太娴熟的英语解释说，自己是碰巧路过这里，就贸然进来了。

总经理感觉很新鲜，破例让他一试。面试的结果出人意料，年轻人表现非常糟糕。他对总经理的解释是事先没有准备，总经理以为他不过是找个托词下台阶，就随口应道："等你准备好了再来试吧。"

一周后，年轻人再次走进微软公司的大门，这次他依然没有成功。但比起第一次，他的表现要好得多。

而总经理给他的回答仍然同上次一样："等你准备好了再来试。"

就这样，这个青年先后5次踏进微软公司的大门，最终被公司录用，成为公司的重点培养对象。

与这个年轻人有相同经历的还有一个叫克里弗德的小伙子。

瑞德公司的面试通知，像一缕阳光照亮了克里弗德焦急期待的心。面试那天，克里弗德精心地梳洗打扮了一番，又换了一条新领带，以祝自己好运。上午10点钟，他走进了瑞德公司人力资源部，等秘书小姐向经理通报后，克里弗德静了静心，提着手提包来到经理办公室门前，轻轻地敲了两下门。

"是克里弗德先生吗？"屋里传出问询声。

"经理先生，你好！我是克里弗德。"克里弗德慢慢地推开门。

"抱歉，克里弗德先生。你能再敲一次门吗？"端坐在沙发转椅上的经理悠闲地注视着克里弗德，表情有些冷淡。

经理先生的话虽令克里弗德有些疑惑，但他并未多想，关上门，重新敲了两下，然后推门走进去。

“不，克里弗德先生，这次没有第一次好，你能再来一次吗？”经理示意他出去重来。

克里弗德重新敲门，又一次踏进房间。

“先生，这样可以吗？”

“这样说话不好——”

克里弗德又一次走进去：“我是克里弗德，见到你很高兴，经理先生。”

“请别这样。”经理依然淡淡道，“还得再来一次。”

克里弗德又尝试了一次：“抱歉，打扰你工作了。”

“这回差不多了，如果你能再来一次会更好，你能再试一次吗？”

当克里弗德第十次退出来时，他内心的喜悦和憧憬已消失殆尽，开始有些恼火。心想，进门打招呼哪有这么多讲究？这哪是招聘面试呀，分明是在刁难戏弄人。克里弗德生气地转身离开，可刚走几步又停了下来。不行，我不能就这样逃开，即使瑞德公司不打算录用我，也得听到他们当面对我说。

于是，克里弗德稍稍地舒了一口气，第十一次敲响了门。这次，他得到的不是难堪，而是热烈欢迎的掌声。克里弗德没有想到，第十一次敲门，叩开的竟是一扇成功之门。原来，瑞德公司此次是打算招聘一名市场调查员，而一名优秀的市场调查员，不仅要具备学识素质，更要具备耐心和毅力等心理素质。这 11 次敲门和问候，就是考查一个人心理素质的考题。

在这个世上，没有什么事是一蹴而就轻松成功的。如果一次不成，那么就再试一次，遭受挫折的次数越多，就越接近成功。

最后努力一次

李铭祥

如果你参观过开罗博物馆，你会看到从图坦·卡蒙法老王墓挖出的宝藏，令人目不暇接。庞大建筑物的第二层楼大部分放的都是灿烂夺目的宝藏：黄金、珍贵的珠宝、饰品、大理石容器、战车、象牙以及黄金棺木，巧夺天工的工艺至今仍无人能及。

如果不是霍华德·卡特决定再多挖一天，这些不可思议的宝藏也许仍在地下不见天日。

某一年的冬天，卡特几乎放弃了可以找到年轻法老王坟墓的希望，他的赞助者也即将取消赞助。卡特在自传中写道：

“这将是我们待在山谷中的最后一季，我们已经挖掘了整整六季了，春去秋来毫无所获。我们一鼓作气工作了好几个月却什么也没发现，只有挖掘者才能体会这种彻底的绝望感；我们几乎已经认定自己被打败了，正准备离开山谷到别的地方去碰碰运气。然而，要不是我们最后垂死的一锤努力，我们永远也不会发现这远超出我们梦想所及的宝藏。”

霍华德·卡特最后垂死的努力成了全世界的头条新闻，他发现了近代唯一的一个完整出土的法老王坟墓。

任何时候都不要轻易放弃，如果一开始就放弃，你不但会输掉开始的投资，更会丧失由最后的努力而发现宝藏的喜悦。即使在最绝望的时候，也要再努力一次。

下一个进球的精彩

李　丽

贝利出生在巴西一个贫民家庭。在巴西，踢足球是人人喜爱的运动。在父亲的影响下，贝利从小就喜欢踢球。他常和邻居的孩子们一块儿踢球，没有钱买足球，他们就想办法，把破布扎成球来踢，照样踢得津津有味。

有位足球教练帮助他们组织了一个小小的足球俱乐部，教他们学习比较正规的踢球方法。在参加一次全市比赛中，他们队获得了市少年足球冠军。由于贝利进球最多，他获得了36个克鲁塞罗（巴西货币）的奖金。当贝利激动地把他平生第一次获得的奖金交给母亲时，母亲高兴地对他说："孩子，你终于没有白努力。但是，你取得的荣誉是和大家分不开的，你要把这些钱分给小伙伴们。"

贝利出众的球技，与他父亲有很大关系。父亲指导贝利踢球，教会他双脚左右开弓，还教会他用头顶球。

成名后的贝利，仍在不懈地努力，经常会有人问他："你射入的最精彩的球是哪一个？"贝利总是不假思索地说："下一个球。"

"更高""更快""更强"蕴涵着人类对体育的不懈追求，最精彩的永远是下一个球。

正视缺点

佚　名

曾长期担任菲律宾外长的罗慕洛穿上鞋时身高只有1.63米。原先，他与其他人一样，为自己的身材而自惭形秽。年轻时，也穿过高跟鞋，但这种方法总令他不舒服——精神上的不舒服。他感到自欺欺人，于是便把它扔了。后来，在他的一生中，他的许多成就却与他的“矮”有关，也就是说，矮倒促使他成功。

1935年，大多数的美国人尚不晓得罗慕洛为何许人也。

那时，他应邀到圣母大学接受荣誉学位，并且发表演讲。那天，高大的罗斯福总统也是演讲人，事后，他笑吟吟地怪罗慕洛“抢了美国总统的风头”。

更值得回味的是，1945年，联合国创立会议在旧金山举行。罗慕洛以无足轻重的菲律宾代表团团长身份，应邀发表演说。讲台差不多和他一般高。等大家静下来，罗慕洛庄严地说出一句：“我们就把这个会场当做最后的战场吧。”这时，全场登时寂然，接着爆发出一阵掌声。最后，他以“维护尊严，言辞和思想比枪炮更有力量……唯一牢不可破的防线是互助互谅的防线”结束演讲时，全场响起了暴风雨般的掌声。后来，他分析道：如果大个子说这番话，听众可能只是客客气气地鼓一下掌，但菲律宾那时离独立还有一年，自己又是矮子，由他来说，就有意想不到的效果。从那天起，小小的菲律宾在联合国中就被各国当做了资格十足的国家。由这件事，罗慕洛认为矮子比高个子有着天赋的优势。

矮子起初总被人轻视，后来，有了表现，别人就觉得出乎意料，不由得佩服起来。在人们的心目中，有缺陷的人取得成功令人惊叹，以致平常的事一经他们之手，似乎就成了破石惊天之举。“矮子”罗慕洛的成功之处，就在于承认缺点，却又超越缺点，把缺点化为发展自己的机会。

第四章

发出自己的声音

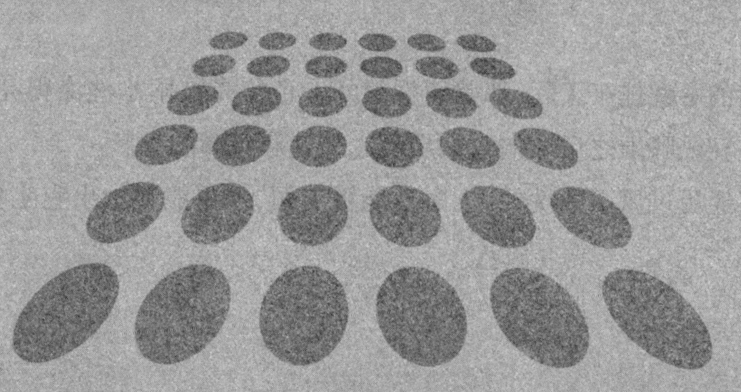

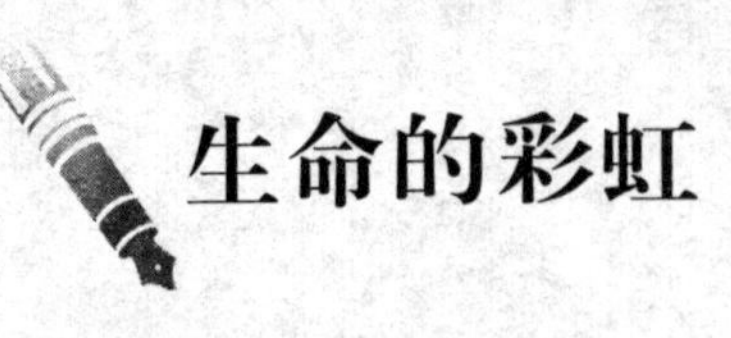

生命的彩虹

郑泰志

生命的价值也许并不仅仅体现在伟人们的英勇上，更本质的是，生命是否可以超越平凡，升入更高的境地。在更高的天空，彩虹的美是有目共睹的。因为只有经历过风雨的洗礼，生命才会更美丽，才更能显示出它宝贵而华美的价值，才更能凸显美妙的含义。

涛的双腿残疾，但他的心情似乎从未因此而沉闷、忧郁过，他在每天的黄昏时都会吹起他心爱的笛子。乐声像清晨的光芒，从他修长的手指间倾泻而出。那些欢快的、像露珠般纯洁、像水晶般剔透的音乐，感染着附近的居民，给他们枯燥而单调的生活增添了一些鲜活的色彩。因为涛的笛声，人们发现那里的天空是那么明丽，生活是那么轻松惬意。

那个时候，在炎热的夏夜，涛的笛声四处回旋，让人们忘却了白天的紧张、劳累和压抑。在灰色又琐碎的生活背后，普通的人因涛的笛声而安详、快乐，对每一天都充满期待，对每一个邻居都充满笑意和感谢。

涛只活到了30岁，但他的生命历程到今天都没有消失。在那条街，只要有音乐，有夏夜的星空，就有涛临窗而坐的身影，有他完满的生命力。

他常说一句话："我的脚不能走路了，但我的音乐可以和人们一道走得很远。"

雨后的彩虹挂于天际，那美丽耀眼的七色流光被雨水洗涤得亮丽鲜明，它总是在狂风骤雨之后才向人们展现它那色彩斑斓的身影。

只有经历过风雨的洗礼，生命才能更美丽，才更能显示出它宝贵而华美的价值。

选好自己的人生

关树礼

在我们的印象中,擦鞋绝对是一个难登大雅之堂的职业,如果有人终生以此为业,那他一定不会有多大的出息。实际上呢?我们想错了,一个名叫次太郎的日本人,就是凭借擦鞋,而"擦"出了自己辉煌的人生。

多年前,身为化工厂工人的次太郎失业了。一个偶然的机会,他从一位美国军官那里学会了擦鞋,他很快就迷上了这种工作。只要听说哪里有好的擦鞋匠,他就千方百计地赶去请教、虚心学习。

日子一天天地过去了,次太郎的技艺越来越精。他的擦鞋方法别具一格:不用鞋刷,而是用棉布绕在右手食指和中指上代替,鞋油也自行调制。那些早已失去光泽的旧皮鞋,经他匠心独运的一番擦拭,无不焕然一新,光可鉴人,而且光泽持久,可保持一周以上。

更绝的是,凭着高深的职业素养,次太郎与人擦肩而过时,便能知道对方穿何种鞋。从鞋的磨损部位和程度,他可以说出这人的健康和生活习惯。他的精湛技艺打动了东京一家名叫"凯比特东急"的四星级饭店,他们将次太郎请到饭店,为饭店的顾客擦鞋。令人惊讶的是,自从次太郎来到"凯比特东急"之后,演艺界的各路明星一到东京便非"凯比特东急"不住。一向苛刻挑剔的明星们对此情有独钟的原因非常简单,就是享受一下该酒店擦鞋的"五星级服务"。

当他们穿着焕然一新的皮鞋翩然而去时,他们的心里深深地记下了次太郎的名字。次太郎炉火纯青的技术、一丝不苟的精神和非同凡响的效果,为他赢得了众多顾客的青睐。

他的老主顾不只来自日本东京、京都、北海道，甚至还有中国香港、新加坡等地。在他简朴的工作室内，堆满了发往各地的速寄纸箱。

如今的次太郎，早已成为“凯比特东急”的一块金字招牌。

次太郎的努力，为他自己创造了一份辉煌的业绩。

无论什么事，重要的在于你的选择，只要选择正确，然后用心去做，任何一件小事都有可能成就你人生的辉煌。

亮出你的名字

梁　施

经过重重笔试、面试，袁溪终于进入了这家世界五百强之一的企业，虽然是以实习生的身份，但她知道，成绩优异的实习生将有被录用为正式职员的机会，而且在这里的实习经历也是一笔宝贵的财富。和其他 50 名幸运儿一起，袁溪接受了前期培训。公司请来专家以及公司内的中层领导，组成培训团对他们进行培训。培训课程别开生面，每天都有收获。

一天，公司安排一位部门经理给实习生作演讲。演讲刚开始，经理便问：“在座的有多少人对公司有所了解？”问题一出，却没有一个人响应。其实，能考取实习生资格的人，哪个没对公司的方方面面下过一番工夫呢！可由于怕回答错误而出丑，大家都选择了沉默。

经理苦笑一下，似乎并不意外，他说：“我先暂停一下，给你们讲个故事听。”

“我刚到国外读书的时候，学的是经济学，在大学里经常有讲座，每次都是请华尔街或跨国公司的高级管理人员来讲演。当然场面很火暴，我也是尽量每次都去听。参加的次数多了，我发现了一个有趣的现象，每次开讲前,我周围的同学总是拿一张硬纸,中间对折一下,让它可以立起来,然后用颜色很鲜艳的笔和大大的粗体字写上自己的名字,再放在桌前。于是,讲演者需要听众回答问题时,他就可以直接看名字叫人。”

“我有些不解,便问旁边的同学。他笑着告诉我,来这里讲演的人都是一流的人物,当你的回答令他满意或吃惊时,很有可能就预示着他会给你提供很多机会。这是一个很简单的道理。”

“事实也是如此。能够考取我们那个学院的,可以说都是精英型的人物,如何在众多精英中脱颖而出?那就是亮出你的名字。我的确看到我周围的几个同学,因为出色的见解,最终得以到一流的公司供职。”

“当然,这里面也包括我……”

经理的故事讲完之后,袁溪和许多人都高高举起了自己的手。

在当今这个人才拥挤、竞争日趋残酷的时代,如果只会等机会,很可能会与机会擦肩而过。人生的第一步,必须学会醒目地亮出自己,勇于展示自己,这在很大程度上决定着你能否成功。

遥远的乐音

凌　辉

那个秋日的黄昏,楼下街心公园来了几个流浪艺人。他们的乐器中有胡琴、埙和风笛,还有一个我叫不出名儿的乐器。在我的印象中胡琴总是与盲人连在一起的,它常常被盲人拉得哀伤又凄凉。

最最有名的就是瞎子阿炳的《二泉映月》,那如泣如诉的悲切,仿佛可以看见人们的眼睛里闪动着泪光。因此我从小就害怕听胡琴的声音,害怕那一种悲凉深深地播进我的心灵。

其实胡琴没有什么不好的,它是一种乐器,可以给人带来艺术享受,可以在舞台上赢得观众的笑声和掌声。然而近些年胡琴在乐器商店比之钢琴、小提琴、长管号之类的东西要冷落得多。现在的年轻人谁会去买一把胡琴来拉呢？即便要拉也要拉小提琴。

胡琴这种遥远的声音，似乎已经在我们的日常生活中消失了。

可是最近到北京逛街，到处可以看到卖胡琴的、拉胡琴的。那些年轻盲人、老年盲人在地铁站口三三两两地拉着胡琴，搪瓷缸子里就有了别人施舍的钱币。于是那场景就像胡琴拉得悲凄断肠一样，把你带到悲怆的境界里去。

当然这几个流浪艺人与盲人不一样，他们拉完二胡又开始吹一种叫做埙的东西。

这种东西看上去形似小茶壶，不过无壶嘴，是古时土烧的一种乐器，有孔，像吹笛那样吹。我曾经听过，它那古朴的声音在静夜里飘，有一种比胡琴更哀婉悲凉、更如泣如诉的味道。

我喜欢独自默默地享受它伤痛绝望的旋律，然后忍不住流下泪来的感觉。所以埙、哀乐和流泪形成的一种氛围使我一下想到，在大船"泰坦尼克号"背景音乐里听到的爱尔兰风笛。

风笛悠远，埙声低沉，但二者却很相似——抑郁而感伤，美得令人心痛。

流浪艺人最后演奏的一种乐器，仿佛来自印第安部落。透过它的声音，好像可以感觉到远古荒原上，那树叶草蔓间的绿意和虫鸣，还有星星在树梢间眨眼。

这种声音像穿越了漫长的时空走廊，来到我们的耳畔，叫人难以忘记。于是我静静地站着，怀念并且感动。我很想与流浪艺人说些什么，但是没有。因为胡琴、埙、风笛，还有那种我叫不出名儿的乐器，给我的感受已经足够。

如今半年过去了，这几个流浪艺人再也没有出现在我家楼下的街心公园。

但他们留下的音乐，却常常把我的梦惊醒。我时而在胡琴悲怆的意境里，时而在埙声绝望的旋律中，那感觉便是一种不可抗拒的艺术力量。

我喜欢这种力量。音乐与世界、音乐与人性的奥秘，也许就在如水一样的流程中，使我们的灵魂升华，使那遥远的声音不再遥远。

那些美的事物，那些打动我们心灵的东西，即使再遥远，也会让我们常常忆起。

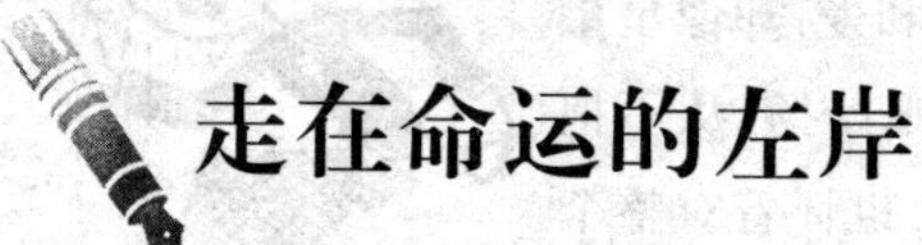

走在命运的左岸

张熙菲

外边风卷雪花，刮得正紧。他坐的这辆车像一个哮喘病人，每走上一段都要喘息半天。虽然他在心里不断地默念祈祷着，希望能够坚持到终点站，但车终于还是在一处荒凉的地方抛锚了。

他跳下车，狠狠地骂了自己一句："倒霉蛋。"是的，他越来越发现自己是个倒霉蛋了，因为生活中几乎所有的厄运他都赶得上。譬如，已经失业几个月的他，今天要参加市里一家公司的面试，本来机会很难得，不能错过，可是阴错阳差，他偏偏乘上了这样一辆破车。

大多数乘客都徒步往下一个站点赶，他也一样。有一个50多岁的男人，敞着怀走在他的旁边，看起来还颇有兴致，一边走一边哼着歌。"大哥，你不觉得今天我们很倒霉吗？"他凑上前去，和男人搭讪。"不，很久没有在这样的雪地里走路了，抛锚的车，给了我一个机会。"男人依旧兴致盎然。就这样，他俩搭上了话，一路上的攀谈，让他了解到男人的一些往事：碰到过许多赏识的人，也得到过不少陌生人的帮助和爱。谈到后来，他都有些嫉恨这个男人了，因为除了幸运，男人遇到的还是幸运。

终于走到了下一个小镇。临分手的时候，男人送给了他一张名片。他才知道，男人是个作家。在名片的背面，印着这样一句话：命运是一条河，左岸是幸运，右岸是厄运，我始终走在命运的左岸。

怀着对这位作家浓厚的兴趣，回去之后，他在网上搜索了男人的名字。

名字的后边果然是一大串的作品，然而，首先吸引他的，是男人的简介：3岁丧父，10岁辍学，卖过冰棍，做过民工，遭遇过车祸……天啊，他几乎都不敢相信自己的眼睛了，男人竟然是这样一个厄运连连的人。

他猛然有一种醍醐灌顶的感觉。这个世界上，有着这样一种人，在他们心灵的天幕上，痛苦和磨难已经被大风吹尽，而蒙受的恩泽和爱，却像星星一样在记忆里熠熠生辉。他们乐观昂扬，从不抱怨。生活中，即使只得到一点绿色，也怀着对整个春天的感恩。那天，他在案头上郑重写下这样一句话：

幸运决定于一个人的生活态度，只要不苛责生活，时常怀着感恩之心，谁都能让自己始终走在命运的左岸。

人生之舟在生活的大海上远航，总会遇到一些风浪和麻烦。但智慧的水手不会望“洋”兴叹，而会及时修整自己受损的船只继续航行。在生命的航行中，笑看失败和挫折，我们才能成为一个合格的水手。

生命不留遗叹

佚 名

生命在不断重复，红尘里的日子一日又一日地周而复始，今朝夕阳西下，明朝依旧东升。生命似没有终结的日升月落，何时是终点，何处会是尽头。长叹人生苦短，青春易逝如午夜里的昙花，又叹平生日子寂寞难消磨。

今朝清晨外出上路时，蓦然发觉车玻璃前，飘落了几片伤秋了的叶，零乱而随意地趴在车头、车顶或是玻璃挡风上。才起车没多远，叶已随风飘远，只余一片还挂在下端的玻璃边上，仔细一看，好像是给雨刷挂住了，紧紧地趴在车窗上。我心底里暗自高兴,这枯枯的叶,如一片美丽的诗句,点缀了清晨的情怀。

下车的时候,唯恐其不牢,把它夹于雨刷之下。当手捏起那枯黄枯黄的叶,感觉枯萎了的生命,干干瘦瘦地失去了美丽的年华,使人伤怀惆怅。

人生总有伤痛离别,花开了自然会谢,月圆焉能不缺。叶落了就落了吧,来年的春天,叶依旧会绿满枝头,又何必为其伤怀惆怅,人间万物有定数,庸人何必自扰之。

复又起车再往前行,那一片泛黄的叶,似可怜无助的孩子,紧紧地趴在玻璃上,在这已寒凉了的深秋中,似对我哭诉——告别了枝头,无人怜惜。

一路前行,一路上默默注视着窗外那枯瘦的叶,一路上无话。任齐秦的花祭如午夜深巷的回音静悄悄地流过枯干已久的心田,那清澈的歌声,清脆的琴音,拨动了久已无人弹响的心弦。谁人能懂,谁人又能知晓,伤怀的时候,眼角也有湿湿的泪水。

回想当年,那放纵不羁的少年,如花娇艳的女子,那一段永世传唱的爱情,以为是生命里永不会消失的传说。可如今,天各一方,咫尺天涯。佳人已老,少年也不是旧时模样。那日里,在中央三套的节目里曾见过齐秦,听他说起往年的那段情事,没有遗叹,却又永远铭刻在心。那眉梢眼角也似有浅浅的泪水,此情何以消,此情何时了。

痴痴地望着那枯瘦瘦的叶,懵懵懂懂地一路前行,如迷失了心窍的灵魂,一路里前行复前行,没有转角,也不识了方向,就那么傻傻地痴痴前行。等到了红灯的十字路口,才蓦然发觉,路已错了,错过了好几个路口。摇了摇头,掉转车头继续红尘里的路。

有洒水车从对面而来,躲也无从躲闪。迎面而来的雨幕撒在车窗玻璃上,模糊了视线,顺手启动了雨刷器,刹那间错已铸就,刮走了雨水也刮走了那片枯叶。回过头向后看了看,那片枯叶已不知飘落到哪片角落。走就走吧,该来的总会来,要走的留也留不住。生命总有结局,也许,叶注定辗转成泥,在来年的春天,因果循环又上枝头。你说,它来年是否还清香如故?

人生总有意外,许多的人与事,想留偏偏留不住,所以生命才有遗叹。别为过往情伤,该走的就让它走吧,把眼角寄望远远的天际。看看风轻云淡时，大地一片郁郁葱葱，人生总会有无数的美好。今夜我不伤怀，如一株乡间的冬青树，自由地存在，纵无人知晓，也快意于人世间。

人间事，本如此，来来往往，往而复来，生命中也满是纠结，聪明人却能看透这些，纵然跳不出罗网，也可怀一份坦然，怀一份宁静自在地遨游于世间。

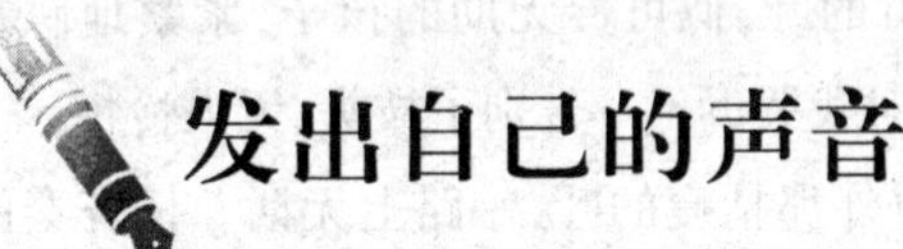

发出自己的声音

吴清芳

这是一把破旧的小提琴，到处都是划痕，拍卖师认为实在不值得他费神。但出于职业的原因，只好把它抓在手上，高声喊道："朋友们，这是一把特别的小提琴，现在拍卖开始了，有谁要先开个价？"

"10块，10块钱我买下来送给街头乞讨艺人。"一位年轻人充满揶揄地举起手。

"我出20，20块我买下来送给我保姆的儿子弹着玩。"一位中年妇女也充满讥讽地举起手。

"20，有没有人出30块钱？20块一次，20块两次……"

"且等一下！"一位头发灰白、胡须很长的老先生走到拍卖台旁，手里拿着琴弓。只见他用宽大的衣袖轻轻地掸了掸旧提琴上的灰，把松掉的琴弦拉紧，然后把琴弓熟练地搭到琴弦上，一曲美妙甜润的《二泉映月》在拍卖厅中缓缓响起，拍卖师随即沉浸在音乐的甘泉中。音乐一终止，他马上把琴和弓高高举过头顶，并严肃地高声说："我为这把神奇的小提琴起个价。3000块人民币。"

拍卖师一开价，马上有人出到5000块人民币。

"5000人民币，有谁出6000吗？"

“我出 7000 人民币。”

“7000 块一次,7000 块两次,好,那位先生要,成交。”

拍卖师槌音一落,拍卖厅立即欢呼起来。

前后不到 15 分钟,一把破损的小提琴经人一弹拉,价格便由 20 块升到 7000 块,可见,它的价值并非小提琴本身,而是它发出的美妙声音呀。

现实生活中,有许多人看上去浑身是毛病,处处见伤疤,这些人往往胸怀大志、才华横溢,因喜平好静,不善言表而备受排斥和冷落,就像这把破损的小提琴。假如没有高明的大师来弹拨你,没有伯乐来举荐你,你为什么不可以当自己的拍卖师,为什么不可以当自己的伯乐,而宁愿暗自躲在别人遗忘的角落里孤芳自赏郁郁寡欢呢?勇敢地发出自己的声音吧!让妙不可言的音符来说服别人,引起别人的注意,做到物尽其用、人尽其才。

即使是一把破旧的小提琴,也可以演奏出美妙的旋律;即使是一根普通的绣针,也可以绣织出美丽的图案;即使是一株卑微的小草,也可以拥有整个春天……其实,每个人都是独一无二的个体,都有着自己独有的优秀,坦然地拥抱阳光和风雨,尽情地展示自己的风采,勇敢地发出自己的声音,自然就会收获一份属于自己的喜悦。

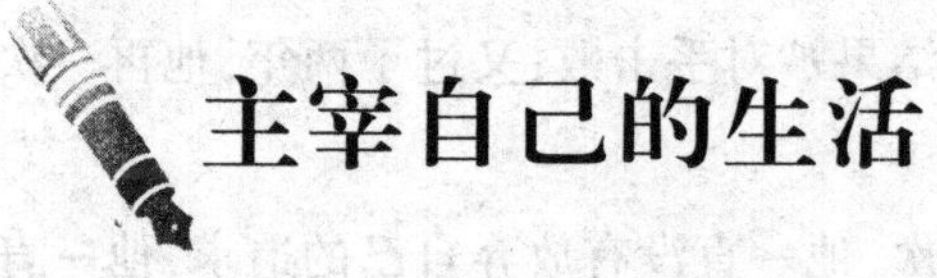

主宰自己的生活

尚利民

1832 年,林肯失业了,这显然使他很伤心,但他下决心要当政治家,当州议员。糟糕的是,他竞选也失败了。在一年里遭受两次巨大的打击,这对他来说无疑是痛苦的。

接着,林肯着手自己开办企业,可一年不到,这家企业又倒闭了。在以后的 17 年间,他不得不为偿还企业倒闭时所欠的债务而到处奔波,历尽磨难。

1835年，他订婚了。但离结婚还差几个月的时候，未婚妻却不幸去世。这对他精神上的打击实在太大了，他心力交瘁，数月卧床不起。

1836年，他得了神经衰弱症。1838年，林肯觉得身体状况良好，于是决定竞选州议会议长，可他失败了。

1843年，他又竞选美国国会议员，但这次仍然没有成功。林肯虽然一次次地尝试，但却是一次次地遭遇失败：企业倒闭、情人去世、竞选败北。要是你碰到这一切，你会不会放弃——放弃这些对你来说最重要的事情？

林肯是一个聪明人，他拥有执著的性格，他没有放弃，也没有说："要是失败会怎样？"1846年，他又一次竞选国会议员，最后终于当选了。两年任期很快过去了，他决定争取连任。他认为自己作为国会议员的表现是出色的，相信选民会继续选举他。但结果很遗憾，他落选了。

因为这次竞选他赔了一大笔钱，林肯申请当本州的土地官员。但州政府把他的申请退了回来，上面指出："做本州的土地官员要求有卓越的才能和超常的智力，你的申请未能满足这些要求。"又是接连两次的失败。在这种情况下你会坚持继续努力吗？你会不会说"我失败了"？

然而，作为一个聪明人，林肯没有服输。1854年，他竞选参议员，但失败了；两年后他竞选美国副总统提名，结果被对手击败；又过了两年，他再一次竞选参议员，还是失败了。

林肯尝试了11次，只成功了2次，他一直没有放弃自己的追求，他一直在做自己生活的主宰。1860年，他当选为美国总统。

阿伯拉罕·林肯遇到过的敌人你我都曾遇到。因为他是一个聪明人，他面对困难没有退却、没有逃跑，他坚持着、奋斗着。他压根儿就没想过要放弃努力，他不愿放弃，所以他最终修成了正果。

如果你现在正处于各种磨难中，请不要抱怨，拿出最积极的心态去接受它，并付出持之以恒的努力，相信风雨过后，你必将修成人生的正果。你要时刻主宰自己的生活。

你就是自己的上帝

李　德

杰克在一个农场工作。有一次,他搬运东西时不小心摔破了一只精美昂贵的花瓶,农场主要求他赔偿。对于贫穷的杰克来说,他无论如何也赔不起这只价格昂贵的花瓶。

他特别苦恼,想了很多办法,都无法筹集到巨额的赔偿费,最后他只好到教堂向神甫请教办法。

听完他的讲述,神甫说:“有一种能将花瓶粘好的技术,你为何不去学习呢?只要你学好技术,就能将花瓶修复好,事情不就解决了吗?”

杰克听完,摇了摇头说:“哪儿有这么神奇的技术?况且,我怎么能学会这高超的技术?凭我自己的努力,要把这只花瓶粘得完好如初根本是不可能的。”

神甫指引他说:“这样吧,教堂后有一块石壁,上帝就待在那儿,你可以对着石壁大声问话,上帝就会告诉你答案。”

于是,杰克来到石壁前,对着石壁大声说:“上帝,请您帮帮我,只要您愿意帮我,我一定能将花瓶粘好!”

杰克的话刚一说完,上帝便立即回应了他:“一定能将花瓶粘好!”

杰克真的听见了上帝的承诺。于是,他充满信心地向神甫告别,去寻找复原花瓶的技术。

3个月后,杰克终于学会了粘花瓶的技术,然后他将农场主人的那只花瓶复原得天衣无缝,众人赞叹不已。

他将花瓶还给农场主人后,连忙再次来到教堂,准备向上帝道谢,感谢上帝给予他的协助与祝福。

神甫再次将他带到教堂后的石壁前，笑着对杰克说："其实，你不必感谢上帝。"

杰克不解地看着神甫："为什么不必感谢上帝？要不是上帝，我根本无法学会修补花瓶的技术。"

神甫笑着说："其实，你真正要感谢的人是你自己啊。因为这里根本没有上帝，这块石壁只是具有回音功能，当时你听到的'上帝的声音'就是你自己的声音，所以，你就是自己的上帝。人要勇敢地做自己的上帝，因为真正主宰自己命运的人不是别人，而是我们自己。当你相信自己能够改变命运时，步伐才会慢慢移动，自己心中的愿望才会一步步变成现实。"

当我们面对无法逾越的障碍时，往往会丧失进取的信心。虽然解决问题也需要外力的帮助，但至少我们必须有信心去寻找这种力量。

失败了也要抬起头

孙　晨

一位名人曾说："要是我们无法按自己的愿望来改变事情，那我们就逐渐改变我们的愿望。"

1954年，巴西的男女老少几乎一致认为，巴西足球队一定能荣获世界杯冠军。然而，天有不测风云，在半决赛时，巴西队意外地输给了法国队，结果没能将那个金灿灿的奖杯带回巴西。球员们比任何人都明白，足球是巴西的国球。他们懊丧至极，觉得无颜见江东父老。他们认为被球迷们辱骂、嘲笑和扔汽水瓶子是难以避免的。

当飞机进入巴西领空之后，球员们更加心神不安，如坐针毡。可是，当飞机降落在首都机场的时候，映入他们眼帘的却是另一番景象：巴西总统和两万多名球迷默默地站在机场，人群中有两条横幅格外醒目："失败了也要昂首挺胸!”“这也会过去!”球员们顿时泪流满面。总统和球迷们都没有讲话,默默地目送球员们离开了机场。

4 年后,巴西足球队不负众望赢得了世界杯冠军。回国时,巴西足球队的专机一进入国境,十六架喷气式战斗机立即为之护航。当飞机降落在道加勒机场时,聚集在机场上的欢迎者多达 3 万人。从机场到首都广场将近 20 千米的道路两旁,自动聚集起来的人群超过了 100 万,这是多么宏大和激动人心的场面!

人群中也有两条横幅格外醒目:“胜利了更要勇往直前!”“这也会过去!”

对既成事实要尊重,但不要过于纠结。面对失败既要反省,更要抬起头来,昂首挺胸迎接下一次的挑战。

生命的绝唱

王志敏

在我的案头,静静地躺着一份长达 12 页的纪念文章——《她走在长征路上》,这是内蒙古一位三走长征路的坚强老人,为怀念他那魂断长征路的亡妻而留下的深情文字,特意叮嘱我好好修改之后再直接寄给其内弟,而他自己却又一瘸一拐地消失在三走长征路的漫漫征途之上。望着老人倔强而又悲壮的身影,留在我脑海里那一串串难以磨灭的深刻印象忽地一下又涌上心来……

第一次遇见他们俩是在去年春暖花开的季节里。那天,三中青年书法教师谢老师热情地挽留我在他们家吃中饭，说是等下有一对远方的客人我非见见不可，说不定会有意外收获。出于一种职业的敏感，我愉快地留了下来。说话间门铃响，似一阵风飘进来一串串爽朗的笑声，我定睛一看：哟，男的瘦高个，挺精神，不过，走路有点跛，而女的个子也不矮，可一副罗圈腿却迫使她无奈地矮了三分，尤其是她走路还一摇一摆地向一边倾斜着身子。"我来介绍一下，这二位是内蒙古三走长征路的老英雄张殿奎夫妇……""什么，三走？"我的妈呀，顿时这一对衣着朴素的古稀老人在我面前无比地高大起来。等不及吃饭，我便迫不及待地像搜索宝藏似的搜索挖掘起他们那三走长征路的传奇经历来。

瞧瞧，这第一次呢骑的是自行车，车竟然还是在我们长征出发地于都买的，第二次呢改骑摩托车了，只不过前两次都是张殿奎一人单枪匹马地独行，可这第三次动静却大了，原来老伴王忠勤毅然抛家别子，追随丈夫从千里之外的呼伦贝尔大草原义无反顾地来到了我们于都长征出发地。

都说好事多磨，似乎是老天爷也故意要考验这对老夫妇似的，从内蒙古一路走来几次都有惊无险，然而到了福建的惠安，一场从天而降的车祸却差点要了老两口的命，夫妻俩一个是碰断了腿骨，一个是折断了肋骨，最终不得不双双住进了惠安医院。这可了不得，千里之外的孝顺儿子一听父母出了车祸，忙从内蒙古日夜兼程地赶到了医院，说什么也力劝父母务必见好就收，都摔成这样了还不赶紧打道回府？

可老父亲却坚决地摇了摇头："开弓没有回头箭，既然选择了三走长征路，我就一定要走到底。"而老母亲竟也跟老父亲是一个腔调："你爸都选择了继续走下去，我又哪有拖后腿的道理？再说了，你妈还是一走长征路呢。"儿子见父母亲是九头牛都拉不回去，也只好一反常态地改为鼓励支持父母一路走好了。其实呢，当张殿奎在医院里唉声叹气的时候，王忠勤却啥事没有似的安慰丈夫："愁什么呀，你不是常说唐僧取经还九九八十一难呢，咱这点伤又算个啥？"

真的，要不是亲眼所见，亲耳所闻，我绝对会以为这故事呀没准又纯属虚构。"谢老师，你们这是……"他们找到宣传部是专门来收集长征路上的书法作品的，怎么样，你来撰稿我书写，岂不更有意义？"

“好啊!”激动之余的我也禁不住跃跃欲试地想表达一番此刻的心情。略一思忖,便写了这么一首四不像:“花甲夫妇胆气豪,长征路上走三遭。哪怕血流筋骨断,胸有朝阳不动摇。”“好,好啊!”只见谢老师凝神静气、手起笔落,随即一幅神采飞扬的行草便跃然纸上了,直把这老两口乐得是合不拢嘴,一迭声地邀请我俩到时一定要参加他们长征文化室的开张典礼,王忠勤老人更是逗趣地说要带我们去敖包相会的地方开开眼呢,顿时,我们大家都沉醉在来日相会于鲜花盛开的大草原的无比欢乐之中……

相聚总是美好的,我们兴味盎然地在长征大桥、何屋、长征第一渡合影留念、共话长征。吃过晚饭后,我不由得心中一动,急忙拎着一袋子土特产便摸黑寻觅到了他们下榻的工农旅社。老两口是刚刚睡下,一见我的到来竟高兴得什么似的,说话之间,我环顾了一下小旅社那极简陋的设施,这才终于明白了他们为什么老吃最便宜的饭、住最廉价的旅社、拍最有意义的照片了,不就为能在经济上保证三走长征路的顺利进行,因为老两口把他们全部的积蓄和退休工资都花在了三次壮观的行走上啊!

这第二次见到他们俩是在10多天之后他们到瑞金办完事再次到于都来的时候,此时,我正在文化馆搞少儿培训。当我把一篇张殿奎老人委托修改的文章交还给他的时候,老人一个劲地表示感谢,然后我们在匆忙中握手话别,这一次他们从于都出发,就算是正式踏上了三走长征路的艰难路程。然而,我万万不曾料到他们这一走,与王忠勤老人却成了永别,因为当我第三次见到形单影只的张殿奎老人时,这才得知其老伴王忠勤竟魂断长征路离我们远去了。

雄伟的娄山关啊,见证了老人最后的勇武,留下了老人倔强而又高大的身影。当她吟诵着毛泽东的诗词《忆秦娥》、凝视那带血的残阳和苍茫的云海时,心里真是久久不能平静,可谁能料到,这竟是王忠勤老人在长征路上最后的旅程啊!要知道王忠勤老人是带着对党、对长征的深厚感情,也带着高血压、类风湿和腰肩盘突出等多种疾病,而踏上了这次漫长的红色之旅的呀!夫妇俩是风餐露宿,长驱二万八千多里,一路上她不游山玩水、不贪图享乐,却坚持参观了38个国家和省级爱国主义教育基地,真是一路长征一路收获啊!即使在生命的最后时刻,王忠勤老人还是念念不忘长征,她千叮咛万嘱咐地交待丈夫：“一定要坚持走完长征路，一定要把长征书法作品展出去，一定要把长征文化室搞起来啊。”

也许，在纷繁多彩的世界里，芸芸众生有着永远也数不清的形形色色的追求：精神的、物质的；现实的、虚幻的；让人欲生欲死的、使人如痴如狂的……可张殿奎、王忠勤二位老人对于长征精神的弘扬和痴迷却近乎于达到一种宗教般的虔诚，尤其是疾病缠身的王忠勤老人，更是敢于走出妇女围着锅台转的狭隘天地，毅然追随丈夫风霜雨雪走天下，这怎能不令我辈碌碌无为者为之汗颜？

哦，伟大的长征精神哟，我赞美你——赞美你这中国人永远而为之骄傲的红色经典！

信念的力量是伟大的，是不可估量的，它可以让人跳出桎梏的枷锁，做成人们难以想象的事情，在人生旅途中，要让信念支起我们前进的风帆，航抵我们的目的地。

点亮自信的灯

刘铭阁

心理学认为，自卑是一种过多地自我否定而产生的自惭形秽的情绪体验。其主要表现为对自己的能力、学识、品质等自身因素评价过低；心理承受能力脆弱，经不起较强的刺激；谨小慎微，多愁善感，常产生猜疑心理；行为畏缩、瞻前顾后等。自卑心理可能产生在任何年龄段和各种各样的人身上，比如说，德才平平，生命仍未闪现出“辉煌”与“亮丽”，往往容易产生“看破红尘”的感叹和“流水落花春去也”的无奈，以至把悲观失望当成了人生的主调；经过奋力拼搏，工作有了成绩，事业上创造了“辉煌”，但总担心“风光”不再，容易产生前途渺茫、“四大皆空”的哀叹；随着年龄的增长，青春一去不回头，往往容易哀怨岁月的无情和生发出红日偏西的无奈……这种自卑心理是压抑自我的沉重精神枷锁，是一种消极、不良的心境。它消磨人的意志，软化人的信念，淡化人的追求，使人锐气钝化，畏缩不前，从自我怀疑、自我否定开始，以自我埋没、自我消沉告终，使人陷入悲观哀怨的深渊不能自拔，真是害莫大焉！

自卑的对立面是自信，自信就是自己信得过自己，自己看得起自己。别人看得起自己，不如自己看得起自己。美国作家爱默生说："自信是成功的第一秘诀。"又说："自信是英雄主义的本质。"人们常常把自信比作发挥主观能动性的闸门，启动聪明才智的马达，这是很有道理的。确立自信心，首先要正确地评价自己，发现自己的长处，肯定自己的能力。人们常说人贵有自知之明，这个"明"，既表现为如实看到自己的短处，也表现为如实分析自己的长处。如果只看到自己的短处，似乎是谦虚，实际上是自卑心理在作怪。"尺有所短，寸有所长。"每个人都有自己的优势和长处。如果我们能客观地估价自己，在认识缺点和短处的基础上，找出自己的长处和优势，并以己之长比人之短，就能激发自信心。要学会欣赏自己，表扬自己，把自己的优点、长处、成绩、满意的事情，统统找出来，在心中"炫耀"一番，反复刺激和暗示自己"我可以""我能行""我真行"，就能逐步摆脱"事事不如人，处处难为己"的困扰，就会感到生命有活力，生活有盼头，觉得太阳每天都是新的，从而保持奋发向上的劲头。"天生我材必有用"，自己给自己鼓掌，自己给自己加油，自己给自己戴朵花，自己给自己发锦旗，便能撞击出生命的火花，培养出像阿基米德"给我一个支点，我将移动地球"的那种豪迈的自信来！

自信不是孤芳自赏，也不是夜郎自大，更不是得意忘形，毫无根据的自以为是和盲目乐观；而是激励自己奋发进取的一种心理素质，是以高昂的斗志、充沛的干劲、迎接生活挑战的一种乐观情绪，是战胜自己、告别自卑、摆脱烦恼的一种灵丹妙药。

自信，并非意味着不费吹灰之力就能获得成功，而是说战略上要藐视困难，战术上要重视困难，要从大处着眼、小处动手，脚踏实地、永不言弃地奋斗、拼搏，扎扎实实地做好每一件事，战胜每一个困难，从而走向成功。

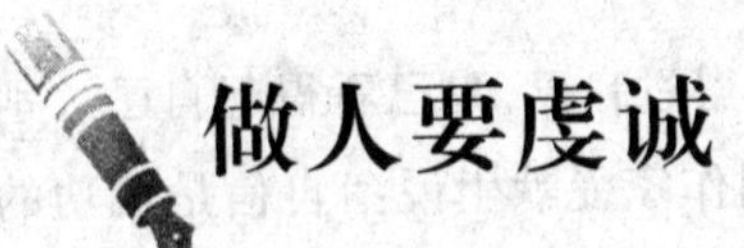

做人要虔诚

姜志群

现代人缺什么？缺的是虔诚。

什么是虔诚？一言以蔽之，虔诚就是认真到一丝不苟的态度。去过敦煌莫高窟的人都有一种感慨，在那大漠孤烟、荒寂无人的世界，创造了那样艺术的辉煌，靠的就是虔诚。虔诚是执著的追求，是始终如一的信念，所以虔诚也是精诚，精诚所至，金石为开。

现代人聪明了，尤其是爱玩弄小聪明的人，大都视虔诚为傻为痴为缺心眼儿。虔诚是倾付一切心血、集中全部精神的事，然而现代人的观点却是，以最小的投入去攫取最大的利润。且不论在生意场上算不算投机，即使在官场、情场上这般做也颇令人担忧。

做官虔诚者不欺君不欺民，这样的官常有愚忠之弊，然而做官不忠，上欺君下骗民，为子不孝糊弄父母，自以为聪明者最后都被当世骂或后世唾。为艺者不虔诚，只想要弄点小技巧糊弄别人，最终被糊弄的是自己，一生白忙活。虔诚是发自内心的倾慕敬仰，是调动全部身心投入的狂热。现在时髦的是求神拜佛，那么多的人跪在泥塑木偶前一脸虔诚颂祷有词，然而他们虔诚吗？这种虔诚不是对神灵的虔诚，而是对自身发财的虔诚，是对自身平安的虔诚，正像许多为官者，对他的上司那般虔诚，其实只是对自己的乌纱帽"虔诚"而已。

做人要虔诚是指心态而不是形式。真正的虔诚是对工作的敬业，是对他人的真诚，此乃为人生一大境界。虔诚不是利益的索取，而是不计较得失的付出，大音乐家常有晚年耳聋失聪者，但仍创作不止；大画家大书法家晚年不乏失明者，但仍挥毫不停，其人生的支撑点就在于对艺术的虔诚。人对虔诚越来越远了，认为那些是思维的不健全、智慧的不完满，然而恰恰是这样信念虔诚的人，创造了世界各个领域一个又一个的辉煌。

我们每个人都有长项和弱点，然而虔诚常常能弥补弱点弥合缺憾。人生的弱点和缺憾常常是盼望得到害怕失掉，正是在这种患得患失的心态下人们活得那般累那般不自在。虔诚让人们忘掉得失，忘掉得失的人生并不等于不得，终日锱铢必较的人未必不失。虔诚告诉人生这么一个道理，做人虔诚做事虔诚为艺虔诚，此等人交友有真朋友，工作有大成绩，艺事必有大进展。

虔诚是人生的大手笔，小聪明是人生的小刻刀，前者写出的是人生的亮色，后者雕镂的是眼前的实惠。唯有虔诚，才能超越困难和借口，活出一个真诚的人，调动出真正大智慧，在红尘滚滚中内心不染埃尘。

现代人很执著，为的是钱财；现代人很辛苦，为的是功名……但，也许唯有虔诚，才能活出一个真诚的人生。

虔诚是从心底而发的，是自己灵魂的展现，干什么事都有虔诚之心，那什么事也都会解决。

使自己成为一颗璀璨的珍珠

方后社

汤姆的学习成绩挺好，毕业后却屡次碰壁，一直找不到理想的工作。他觉得自己怀才不遇，因而对社会非常失望。他为没有伯乐来赏识自己这匹“千里马”而愤慨，甚至因此伤心绝望。

怀着极度的痛苦，他来到大海边，打算就此结束自己的生命。

正当他即将被海水淹没的时候，一位老人把他救上了岸。老人问他，为什么要走绝路？

汤姆说："我得不到别人和社会的承认，没有人欣赏我，所以我觉得人生没有意义。"

老人从脚下的沙滩上捡起一粒沙子，让年轻人看了看，然后随手将沙子扔在了地上，对汤姆说："请你把我刚才扔在地上的那粒沙子捡起来。"

"这根本不可能！"汤姆低头看了一下说。

老人没有说话，从自己的口袋里掏出一颗晶莹剔透的珍珠，随手扔在了沙滩上，然后对汤姆说："你能把这颗珍珠捡起来吗？"

"当然能！"

"那你就应该明白自己的境遇了吧？你要认识到，现在你自己还不是一颗珍珠，所以你不能苛求别人立即承认你。如果要得到别人的承认，那你就要想办法使自己变成一颗珍珠才行。"汤姆低头沉思，半晌无语。

有的时候，你必须知道自己只是普通的沙粒，而不是价值连城的珍珠。要出人头地，你必须具备出类拔萃的资本。

要使自己有别于海滩上的沙粒，就要努力学习，不断提高自己的能力，使自己成为一颗璀璨的珍珠。

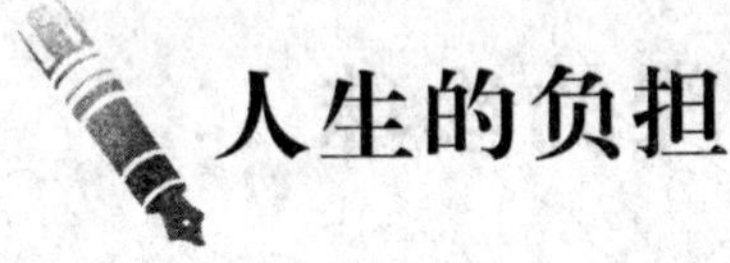

人生的负担

徐国强

1.欲速则不达

有一个男孩在草地上发现了一个蛹。他把蛹捡起来带回家，要看看蛹是怎样孵化为蝴蝶的。

过了几天，蛹上出现了一个小裂缝，里面的蝴蝶挣扎了好几个小时，身体似乎被卡住了,一直出不来。

小孩子看着于心不忍,于是他拿起剪刀把蛹剪开帮助蝴蝶脱蛹而出。可是这只蝴蝶的身躯臃肿,翅膀干瘪,根本飞不起来,不久就死去了。

瓜熟蒂落,水到渠成。蝴蝶得在蛹中痛苦挣扎,直到它的双翅强壮了,才会破蛹而出。

人何尝不是如此! 磨炼、挣扎,这都是成长必经的过程。急于成功的人,别忘了这句哲人的名言:

人生必须背负重担,一步一步慢慢地走,稳稳地走,总有一天,你会发现自己是那走得最远的人。

2.没问题和有问题

有个企业家坐在餐厅的角落里,独自一人喝着闷酒。一位热心人走上前去问道:“您一定有什么难题,不妨说出来,让我给您帮帮忙。”

企业家看了他一眼,冷冷地说:“我的问题太多了,没有人能够帮我。”

这位热心人立刻掏出名片,要企业家明天到他办公室去一趟。

第二天,企业家依约前往,这位热心人说:“走,我带你去一个地方。”企业家不知道他葫芦里卖的是什么药。

热心人用车子把企业家带到荒郊野地,两人下了车,热心人指着坟场对企业家说:“你看看吧,只有躺在这里的人才统统是没有问题的。”企业家恍然大悟。

请记住这样一句话:“只要有问题,就有存活的希望;只要敢于正视问题,解决问题,就可以前进。”

3.当机立断

华裔电脑名人王安博士声称,影响他一生的最大教训发生在他六岁时。

有一天,王安外出玩耍。路经一棵大树的时候,突然有东西掉在他的头上,伸手一抓,原来是个鸟巢。从里面滚出了一只嗷嗷待哺的小麻雀。他很喜欢它,决定把它带回去喂养,于是连鸟巢一起带回了家。他走到门口,忽然想到妈妈不允许他在家养小动物。他只好轻轻地把小麻雀放在门后,急忙走进屋内，请示妈妈的允许。

在他的哀求下，妈妈破例答应了儿子的请求。王安兴奋地跑到门后，不料，小麻雀已经不见了。一只黑猫正在意犹未尽地舔舐着嘴巴。王安为此伤心了好久。

从这件事，王安得到了一个很大的教训：

只要是自己认为对的事情，不可优柔寡断，必须马上付诸行动。不能做决定的人，固然没有做错事的机会，但也会失去成功的机遇。

人生必须背负重担，这是人生经历的真实写照。没有付出，就没有收获！

第五章

向着梦想前进

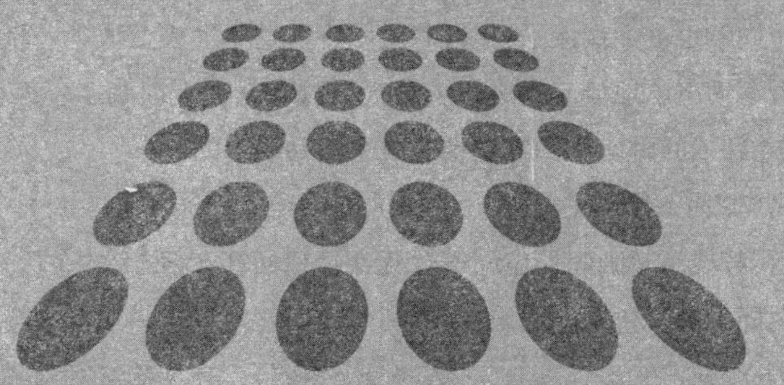

一张纸片的命运

张咏梅

大学里，有一堂哲学课给我留下了深刻的印象，至今记忆犹新。

那是期中考试后的一天，班里的一个同学因为各门功课都考得一塌糊涂，所以忧心忡忡，在哲学课上无精打采。他的异常引起了哲学教授的注意，教授把他从座位上叫了起来，请他回答问题。教授拿起一张纸扔到地上，请他回答：这张纸有几种命运。

也许是惊慌，也许是心不在焉，那位同学一时愣住，好一会儿，他才回答："扔到地上就变成了一张废纸，这就是它的命运。"

教授显然并不满意他的回答。教授又当着大家的面在那张纸上踩了几脚，纸上印上了教授沾满灰尘和污垢的脚印，然后，教授又请这位同学回答这张纸片有几种命运。

"这下这张纸真的变成废纸了，还有什么用呢？"那个同学垂头丧气地说。

教授没有说话，捡起那张纸，把它撕成两半扔在地上，然后，心平气和地请那位同学再一次回答同样的问题。

我们被教授的举动弄糊涂了，不知道他到底要说什么。

那位同学也被弄糊涂了，他红着脸回答："这下纯粹变成了一张废纸。"

教授不动声色地捡起撕成两半的纸，很快，就在上面画了一匹奔腾的骏马，而刚才踩下的脚印恰到好处地变成了骏马蹄下的原野。

骏马充满了刚毅、坚定和张力，让人充满遐想。

最后，教授举起画问那位同学："现在请你回答，这张纸的命运是什么？"

那位同学的脸色明朗起来，干脆利落地回答："您给一张废纸赋予希望，使它有了价值。”

教授脸上露出一丝笑容。很快，他又掏出打火机，点燃了那张画，一眨眼的工夫，这张纸变成了灰烬。

最后教授说：“大家都看见了吧，起初并不起眼的一张纸片，我们以消极的态度去看待它，就会使它变得一文不值；我们再使纸片遭受更多的厄运，它的价值就会更小；如果我们放弃希望使它彻底毁灭，很显然，它就根本不可能有什么美感和价值了，但如果我们以积极的心态对待它，给它一些希望和力量，纸片就会起死回生。一张纸片是这样，一个人也一样啊。”

一张纸片可以变成废纸扔在地上，被我们踩来踩去，也可以作画写字，更可以折成纸飞机，飞得很高很高，让我们仰望。

命运如同掌纹，弯弯曲曲，然而无论它怎样变化，永远都掌握在我们自己的手中。

追求梦想就是幸福

王子虚

夜晚的小寨分外热闹，霓虹闪烁，人流涌动。本和朋友站在天桥上聊天，被一阵歌声所吸引。

过去一看，原来是位流浪歌手在现场秀歌，宣传自己的原创音乐。看的人很多，他的助手发给每个人一份他的简历，并不时地展示着他自己录制的个人 CD。看了简历才知道他原是重庆财经学院的毕业生，有过不错的工作，为了音乐的梦想，毅然辞去了工作，到全国各地以在街头唱歌这种形式来宣传自己的音乐。

可以看得出这是位对音乐很痴迷的青年，有着超人的勇气。为了梦想，奋不顾身。很佩服他，也很羡慕他。

能够追逐梦想是种幸福，一种难得的幸福！

太多的人有梦想，但是能够抛下许多，坚持下来的人却太少。

更多的人在生活中拼命打拼，换取“沉甸甸的钱”，以往的梦想随着生命的进行，变得暗淡，最终沉寂死去。这也许就是梦想和现实的差距了，使你变得不像你，又好像更像你。庆幸自己还在坚持着一些梦想，虽然没能实现，总算还没动摇。日子过得孤寂，却不空虚。

记得大学时曾写过一篇题目叫《理想是盏灯》的文章，写的是我的一位朋友考研的经历和我对此的一些思考。那位朋友最终也没考上，我们在五年前也断了联系，彼此零落江湖。

记得很清楚，那篇文章我是这样结尾的：理想是盏灯，虽然不能把你送达彼岸，但是至少它曾照亮了你的生活。请坚持你的梦想，让生命多些精彩。

记忆情节删去了很多，但是有些触动是一辈子也不会忘怀的，已经深深扎根在我的心灵深处。

是的，梦想就是这样。

坚持自己的梦想，沉迷于执著里，就算生活艰难，那也是别人的看法，自己清楚这是种幸福。

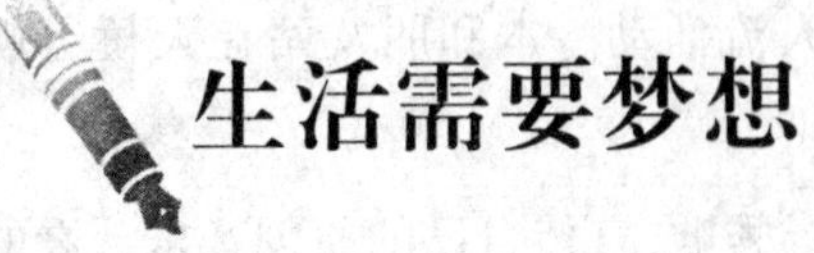

生活需要梦想

唐康平

在一个小城里，人们的生活并不富裕，甚至还有些艰苦，但每个人的脸上都洋溢着愉快的笑容。这是因为小城里有一位伟大的魔术师——老比尔。老比尔出神入化的魔术表演给人们带来了非比寻常的乐趣。

老比尔每天晚上都在小城的大剧场里表演魔术,剧场里总是坐满了观众。虽然大家都知道魔术肯定是假的,但还是被老比尔魔术中营造出的梦境所吸引。大家尤其喜欢老比尔的几个经典魔术,在这几个魔术中,老比尔让不可能的事变成了现实。

一个魔术是穿山而过。人们眼看着老比尔从山这边的白纱布下消失,从山的另一侧揭开白纱布走出来。另一个是空中飞人,大家真切地看到老比尔从舞台上缓缓升起,在舞台上空自由地飞行。

好奇的观众不时地会问老比尔,那两个魔术到底是怎么演的?老比尔总是笑而不答。

老比尔老了,接替他的是小比尔。小比尔的演出像老比尔一样精彩绝伦,赢得了人们的赞叹和掌声。像过去一样,人们在小比尔的魔术中愉快地生活着。

一次演出的间隙,小比尔向大家展示了几个小魔术的表演方法,他发现大家对魔术的秘密非常感兴趣。于是,接下来每天的演出中小比尔不顾父亲的阻拦,把许多魔术的秘密揭示给大家。他认为观众的需要就是演员的职责。

大剧场出现了空前火暴的场面,每次演出都坐满了观众,大家终于知道了多年来老比尔的魔术秘密。明白了穿山而过是山里从前就有一条密道,空中飞人是在表演者身上系着一条细细的透明钢丝。

小比尔演出回来总会把观众对魔术秘密的激情和狂热告诉老比尔,老比尔总是痛苦地摇着头。

小比尔每天晚上还是准时到大剧场里演出,然而,不知从哪一天开始,剧场里的观众越来越少了,最后几乎没有人再来观看魔术表演了。小城里的居民们也不再像从前那么快乐了,一天比一天变得愁苦起来。

一天,小比尔垂头丧气地站在父亲面前,他希望父亲能告诉他为什么会这样。老比尔说:“魔术给人们编织了一个美妙的梦境,你揭示了魔术的秘密,同时也撕碎了人们心中的梦想。人活着需要有梦。”

梦,或许是虚无的,永不可实现的。但它却是人们追求幸福生活的原动力。如果失去了梦,虚幻的幸福也没有了依托。

那一棵受伤的苹果树

刘语成

他是一个敏感的人，敏感的人往往很容易遭受挫折。

在与人交往中，别人不经意的一句话、一个不友好的眼神都让他思虑再三，不时受着心灵的煎熬，所以他经常受伤。他也不愿意经常待在家里，因为父亲想让他成为一个成功的商人或者在政府部门任职，而他接连让父亲失望。在父亲眼里，他是一个彻底的失败者，十足的无用之物，所以父亲见到他，经常咆哮着骂他。

但是，他对祖父的农场却很感兴趣，甚至有段时间他想成为一个农夫。在祖父的农场，他不断向祖父抱怨，为什么我的性格是这样？为什么受伤的总是我？老人家并未言语，而是带他去苹果园转转。

在一棵倒下的高大苹果树前，他们停了下来。祖父问道："你看这棵树与周围的苹果树相比有何特别？"他答道："这棵树比周围的苹果树高多了，但主干较细，枝叶也较密，小枝条多，而且结出的果实又少又小。"老人呵呵一笑道："不错，你的观察很细腻也很正确，它是六年前种的，那时心太软，不忍让它受伤，总舍不得折断它的主干，清理它多余的枝条，结果使它疯长而不结果，两年前才开始为它剪枝。这两年结了些果实，可零零星星就那么几个，但昨夜一场暴风雨却把它给折断了。"接着，祖父又感叹说："没有经历过挫折和伤痛，碰上真正的打击就把它给毁灭了。"

走到另一棵枯树前，祖父问道："你看这棵树和周围的苹果树有什么不同？"他答道："死树，主干粗，有许多树枝折断的痕迹，树身有疤痕。"祖父说："我种下它的第一年就把它的主干给折断了，并且每年剪枝压枝，它第三年就结果了。可是去年，我剪枝剪得多了些，还在其支干上砍了几刀，没想到，竟不发芽了，现在已开始有朽木出现了。”稍稍一顿，祖父又指了指旁边的那棵苹果树说：“它和那棵枯死的树遭受了同样的伤害，却坚强地活了下来，把营养及力量都用在了果实上，你看现在，高大粗壮，枝繁叶茂，硕果累累。”

接着，祖父陷入了沉思。过了一会儿，仿佛喃喃自语道：“没有经历过挫折和伤害，看似很快乐地生长，其实很脆弱，在真正的风雨面前便会遭遇灭顶之灾；而遭受了伤害，自暴自弃，任伤口散发着糜烂的气息，只会成为一块朽木；别总抱怨为什么受伤的总是我，只有经历了挫折和伤害，激发了生命深层次的东西，集中力量及营养在开花结果上，才能绽放出灿烂的花，结出硕大的果，散发出迷人的生命馨香！”

他若有所悟。

回到自己的生活轨道，他依旧经常受伤，可是，正因如此，他对人性及生命有了更为深刻的体会与思考，并不断努力。不久，他这棵伤痕累累的大树便结满了令人叹为观止的果实。他写出了《地洞》《变形记》《判决》《诉讼》《城堡》等享誉世界的小说，而他本人也被誉为20世纪文学史上的杰出人物，现代文学的鼻祖。

他就是奥地利著名小说家弗兰茨·卡夫卡。

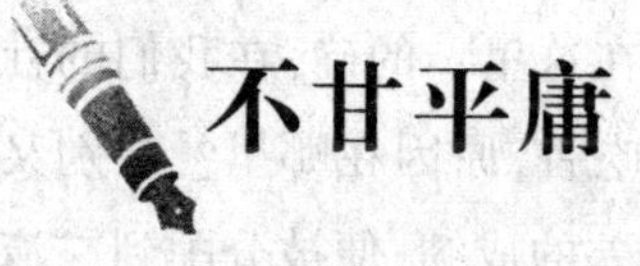

不甘平庸

宁艳英

一位面临毕业的学生向老师提出这样一个问题——“现代工商业社会，是标准的学历社会，一个人往往会因为自己所读的大学不怎样，而整个将来也就这样被决定了。因为，先入为主的观念，已深植在一般人的脑海之中。

这实在是件无可奈何的事，常令人感到愤愤不平。”

老师答道：“如果你真的相信是这样的话，你很可能就会变成那样。你如果认为自己只不过是一个三流大学的毕业生，你就注定要一辈子过着三流的人生。相反的，如果你心中认为我虽然只是一个三流大学毕业的学生，可是我不甘心成为一个三流的人，更不愿意一辈子过着三流的生活。果真能这么想，你就可以过着一流的生活了。”

这位学生歪斜着脑袋，显然是不太理解教师话中的意思，老师也仿佛看到他的脸上写着：“真的是这样简单吗？老师的想法未免太天真了吧！”

于是，老师接着说：

“社会并不是想象中的那么简单。不见得一流大学的第一名毕业生，就一定有光明璀璨的前途在等待着他。在人生的旅途上，也绝不会有特快车能够将你尽早送达目的地。同样反过来说，也不会有特慢车的存在。举一个最简单的例子来说，常有名牌大学毕业的人，一辈子庸庸碌碌，过着平淡的人生。也有小学毕业的人，虽然只是个小工厂的老板，却也能做一个成功的经营者，每天过着充实而富有活力的生活。这些例子，不都是我们有目共睹的事实吗？”

可是，这位学生还不是非常心悦诚服，他说：“我常常听到人家都这么劝我、勉励我。可是，我觉得这些都是十分例外的例子。像日本前首相田中角荣，他不是大学毕业，可是仍然当上了首相，甚至还被称为庶民宰相。可是，在你说话的口气中，不是也暗示着，大部分的首相，还是一流大学毕业的；大部分工厂的经营者，也还是一流大学毕业的。不是吗？”

老师点点头说：“对，你说的没错，问题也就在这里。的确，在我们的社会上，名牌大学毕业的学生的确都很活跃，也很吃香，原因在哪里？差别又在哪里呢？在参加大学考试时，往往只是一分之差的成绩，便被分配到二流学校的人很多，然而这并不能证明他们之间能力的差别就会很大。有一位成功的企业家曾经说过：普通大学毕业的人，是很好管理的人。言下之意，仿佛对名牌大学的毕业生，大有敬而远之之意。老实说，关键就在于此。”

“一流大学的毕业生很早就在无意中研究过思考的方法，他们都拥有‘天真的想法’，也就是认为‘自己是一流大学毕业的，所以将来一定会有光辉的前途’。正因为有这种意识的存在,反而可以使自己成为真正活跃、有能力的人。”

学生又问:“什么是思考方法?”

“就是相信自己必定会成功。也就是说即使是没有学历的人,只要学会了这种思考的方法,也可以得到同样的结果。一流大学毕业的人,在社会上如此活跃,可以证明这种思想是正确的。”

有梦想与远大目标,生活才会有前进的动力,浑浑噩噩的心态只能带来浑浑噩噩的人生,梦想和目标是人生取得成功的引擎和动力!

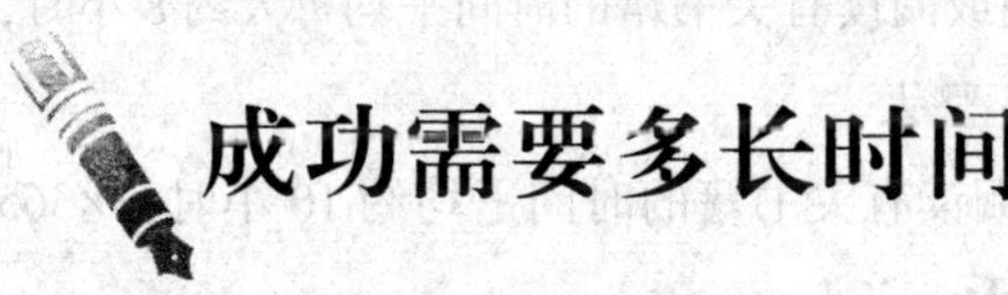

成功需要多长时间

王欣雅

我的一个同学现在成了画家,但他原先是研究数学的。当年他做教师,水平不高,在校园里生活得很被动,对未来更没抱什么希望。

他自小喜欢画画,这个兴趣一直伴随着他的业余时间。当教师后结识了一些美术界的朋友,那些朋友劝说他追求自己的个性和理想,于是他就辞职了。凭着工作数年的积蓄,他背着画夹走南闯北,过着一种近似流浪的生活。

3年后,他结束流浪,专心致力于绘画。这期间他很贫困,一边卖画,一边靠朋友们的接济生活。和许多文艺界人士不同的是,他基本上不参加任何社会活动,朋友圈子也很小,甚至连美术界的新潮流、新动向他都不关心,只是凭着自己的才华和个性,一心追求自己的理想。

这么又过了3年,他终于引起了同行们的注意。他的画作以清新、流畅、富有叛逆精神而渐渐闻名。

以下是这位朋友向我简单介绍的成功经过,内容很苍白,没什么意思。

但有意思的是，他边喝咖啡边给我计算他取得成功实际花费的时间——

小时候，大约从初中开始喜欢画画，一直到高中一年级，用于绘画或阅读有关书籍的时间平均每天大约 1 小时，这 4 年用于绘画的实际时间大约是 4×365×1＝1460（小时），约合 61 整天。

读高二、高三时，因为考大学，在严格的环境下，一度与绘画绝缘。上大学后，渐渐恢复以前的爱好，4 年中用于绘画或阅读有关书籍的时间平均每天约 1 小时，与上同，约合 61 整天。

大学毕业后，为找工作、换工作，用了约一年时间，直到成为教师，才又拿起画笔。在校园的 3 年里，用于绘画或阅读有关书籍的时间每天约 3 小时，3×365×3＝3285（小时），约合 137 整天。

辞职后，流浪 3 年，用于绘画或阅读有关书籍的时间平均每天约 8 小时，3×365×8＝8760（小时），正好 365 整天。

闭门创作 3 年，用于绘画或阅读有关书籍的时间平均约 10 小时，3×365×10＝10950（小时），约合 456 整天。

以上相加，61+61+137+365+456＝1080（整天），约等于 3 年。

朋友说，从我小时候对绘画产生爱好时起，到我获得第一个大奖，正式成为“绘画工作者”止，实际花费于此项工作的时间只有 3 年，其他的时间都是用于吃喝拉撒睡，或者做与绘画无关的事情。

朋友说，为了追求理想，人们又是写诗，又是唱歌，搞得很隆重。其实只要甘于寂寞，保持你的理想，一有机会就去实践它，时间长了，自然水到渠成。

成功需要的时间其实就是那么三五年，可是，这三五年却是甘于寂寞的三五年，是埋头苦干的三五年，是朝向目标决不放弃的三五年。

取得成功的人不一定是最聪明的人，但他一定是为了理想而耐得住寂寞、持之以恒的人。

男孩的梦

黎思雨

有这样一个生长于旧金山贫民区的小男孩,从小因为营养不良而患有软骨症,在6岁时双腿变成“弓”字形,而小腿更是严重萎缩。然而在他幼小心灵中一直藏着一个除了他自己没人相信会实现的梦——那就是有一天他要成为美式橄榄球的全能球员。他是传奇人物吉姆·布朗的球迷,每当吉姆所在的克里夫兰布朗斯队和旧金山四九人队在旧金山比赛时,这个男孩便不顾双腿的不便,一跛一跛地走到球场去为心中的偶像加油。由于他穷得买不起票,所以只有等到全场比赛快结束时,从工作人员打开的大门溜进去,欣赏最后剩下的几分钟。

13岁时,有一次他在布朗斯队和四九人队比赛之后,在一家冰淇淋店里终于有机会和心中的偶像面对面接触,这是他多年来所期望的一刻。他大大方方地走到这位大明星的跟前,朗声说道:“布朗先生,我是你最忠实的球迷!”

吉姆·布朗和气地向他说了声谢谢。这个小男孩接着又说道:“布朗先生,你知道这样一件事吗?”吉姆转过头来问道:“小朋友,请问是什么事呢?”

男孩一副泰然自若的神态说道:“我记得你创下的每一项纪录,每一次的布阵。”吉姆·布朗十分开心地笑了,然后说道:“真不简单。”这时小男孩挺了挺胸膛,眼睛闪烁着光芒,充满自信地说道:“布朗先生,有一天我要打破你所创下的每一项纪录!”

听完小男孩的话，这位美式橄榄球明星微笑地对他说道："好大的口气。孩子，你叫什么名字？"小男孩得意地笑了，说："奥伦索先生，我的名字叫奥伦索·辛浦森，大家都管我叫 O.J。"奥伦索·辛浦森日后的确如他少年时所说的话，在美式橄榄球场上打破了吉姆·布朗所创下的所有纪录，同时更创下了一些新的纪录。

我们会成为什么样的人，会有什么样的成就，就在于先做什么样的梦。有了梦想，制定出了明确的目标，才能成为你想成为的人。

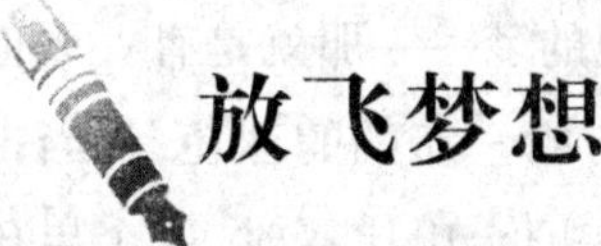

放飞梦想

庞　迪

5 年前，我到南方乡村做福利工作。我要做的就是让每个人相信自己有自给自足的能力，并激励他们去实现自己的想法。

当我来到一个叫密阿多的小镇后，当地政府帮我召集了 25 个靠政府福利来生活的穷人。我和他们一一握手后，问他们的第一个问题是："你们有什么梦想？"每个人都用怪异的眼神看着我，好像我是外星人。

"梦？我们从来不做梦。做梦又不能让我们发财。"其中一个红鼻子寡妇回答我。

我耐心地解释道："有梦想不是做梦。你们肯定希望得到些什么，希望什么事情能突然实现，这就是梦想。"

红鼻子寡妇说："我不知道你说的梦想是什么东西。我现在最想赶走野兽，因为它们总是想闯进我家咬我的孩子。"大家都笑了起来。

我说："哦！你想过什么办法没有？"她说："我想装一扇牢固的、可以防御野兽的新门，这样我就可以出去安心干活了。"我问："有谁会做防兽门吗？"人群中一个有些秃顶的瘸腿男人说："很多年以前我自己做过门，现在恐怕都不会了。不过我可以试试。”接着我问大家还有什么梦想。一位单亲妈妈说：“我想去大学里学文秘，可是没有人照顾我的六个孩子。”我问：“有谁能照顾六个孩子？”

一位孤寡老太太说：“我以前帮助别人带过不少孩子，我想自己能带好那些可爱的小家伙。”我给那个秃顶男人一些钱去买材料和工具，然后让这些人解散了。

一星期后，我重新召集那些穷人。我问那个红鼻子寡妇：“你家的防兽门装好了吗？”

红鼻子寡妇高兴地说：“我再也不用在家守护我的孩子了，我有时间去实现我的梦想了。”

我接着问秃顶男人感想如何。他对我说：“很多年前我给自家做过防兽门，当时做得也不好，后来我就再也没有做过。这次我想一定要做好，结果真的做好了。许多人说我很了不起，能做那么结实漂亮的门。”

我对需要帮助的穷人们说：“这位先生的经历是个很好的例子。它说明梦想真的是可以实现的。很多时候不是我们自己没有本事，而是我们故步自封，不愿意去尝试，或者不愿意去努力。”

5 年后，当我来密阿多回访时，当年那 25 个穷人中，只有 6 个智力低下的残疾人继续靠政府福利生活，其余 19 人都过上了自给自足的幸福生活：红鼻子寡妇种的咖啡收成很好，秃顶男人成了当地有名的木匠，孤寡的老太太开了个托儿所。那个上完大学的单亲妈妈最优秀，她开了一家大家具公司，吸收了许多需要帮助的人到她的公司来就业。

人生路上有阻挡你梦想的砖墙，那是有原因的。这些砖墙是为了让我们来证明我们究竟有多想得到我们所需要的。

给梦想插上翅膀

何　灵

那天在首都国际机场看到一个特别可爱的公益广告牌。广告牌上有一个大大的“树”字，然后“树”字木字旁的上部分被设计成了一棵被砍倒的小树的图案，于是木字旁不出头，“树”字就变成了“不对”的样子。哈！砍树是不对的，简单、直接，真令人拍案叫绝！

驻足在那个广告牌前许久，心里特别感动。一方面为这爱护地球、保护环境的赤子之情，更为这点石成金的伟大想象力。

其实我们都曾经为生活中偶遇的想象力的火花折服过。你看，这家的T恤不过比隔壁的那件多了个袖子上的小口袋，就可以多卖50块，而你还欣喜若狂地赞叹：“好可爱！这里怎么会有口袋呢？我要这一件！”还有，你有没有统计过你有多少东西是因为被电视里创意新鲜的广告所打动而慷慨解囊抱回家的？事实上你可能根本不需要它们，可是你就是觉得那些广告丰富的想象力背后一定有个气象万千的世界。还有，为什么那么多时尚媒体——电视、新杂志、网络泛滥的今天，我们依然会保留一部分的热情给老掉牙的半导体，也许就是因为电台节目轻装上阵，隔不多久就有新面孔上场，而只闻其声不见其人的欣赏方式背后的确有着更加广阔的想象空间吧！

想象力真的可以创造价值。我的朋友从香港给我捎回一个小玩意，那是一个巴掌大小的塑料质地的沙发模型，贵得惊人。可是你能想象吗？因为沙发的凹陷部分设计得很科学，所以它是一个很好用的手机座！你知道，当我的手机乖乖地站在那个小沙发上的时候看上去真是可爱！一块塑料卖一百多港币，还让你爱不释手，越看越喜欢，这就是想象的威力了！

我常常会为自己的想象力枯竭而犯愁。在课堂上怎么才能把课讲得趣味盎然、不落俗套？在节目中怎样才可以给观众耳目一新、别开生面的视觉享受？如果在想象的世界里走出哪怕一小步，都会给我无尽的惊喜。记得有一次做《快乐小精灵》，平时都是嘉宾当评委对小朋友评头论足，那天导演突发奇想调个个儿让小精灵当评委对嘉宾说三道四，于是变得好玩起来。小孩儿们一个个煞有介事，对嘉宾指指点点地说什么“他一般化”“她还可以”，全场笑翻了，我们主持人的情绪也空前高涨。我真爱死了导演这样“突发奇想”。

不过我更期待着年轻一些的朋友们澎湃的想象力。毕竟明天是属于新人类的，未来世界能发展成什么样，应该就取决于年轻人想象力的松紧度吧！菁菁校园里的学子大可以随意放飞自己的想象力，多呼吸新鲜的空气，与外面的世界随时联网，打造自己的年轻思维，我看哪怕是胡思乱想都没准会成为将来的点睛之笔呢！

有一次在街上看到一辆车后笑得半死。那辆再普通不过的小轿车被它的主人装了两个很夸张的尖型尾翼！你知道一辆小车在路上冒充飞船真的是很搞笑的一件事情！但笑过之后又对这辆车的主人充满了好奇，你说什么人会花钱把车搞成这副模样呢？他可真够敢想的！

我觉得挺好，有想象力总是好的！

梦想需要有一双翅膀才能飞翔，这双翅膀就是想象，神奇的想象力能带你向你的目标飞翔。

生命的清单

凌　曼

五官科病房里同时住进来两位病人，都是鼻子不舒服。在等待化验结果期间，甲说："如果是癌，就立即去旅行，并首先去拉萨。乙也同样如此表示。结果出来了，甲得的是鼻癌，乙长的是鼻息肉。"

甲列了一张告别人生的计划表离开了医院，乙住了下来。甲的计划表是：去一趟拉萨和敦煌；从攀枝花坐船一直到长江口；到海南的三亚以椰子树为背景拍一张照片；在哈尔滨过一个冬天；从大连坐船到广西的北海；登上天安门；读完莎士比亚的所有作品；力争听一次瞎子阿炳原版的《二泉映月》；写一本书……凡此种种，共 27 条。

他在这张生命的清单后面这么写道：我的一生有很多梦想，有的实现了，有的由于种种原因没有实现。现在上帝给我的时间不多了，为了不留遗憾地离开这个世界，我打算用生命的最后几年去实现剩下的这 27 个梦。

当年，甲就辞掉了公司的职务，去了拉萨和敦煌。第二年，又以惊人的毅力和韧性通过了成人考试。这期间，他登上过天安门，去了内蒙古大草原，还在一户牧民家里住了一个星期。现在这位朋友正在实现他写一本书的宿愿。

有一天，乙在报上看到甲写的一篇散文，打电话去问甲的病。甲说："我真的无法想象，要不是这场病，我的生命该是多么的糟糕，是它提醒了我，去做自己想做的事，去实现自己想实现的梦想。现在我才体味到什么是真正的生活和人生。你生活得也挺好吧？"乙没有回答。因为在医院时说的去拉萨和敦煌的事，早已因患的不是癌症而抛到脑后去了。

在这个世界上，其实每个人都患有一种癌症，那就是不可抗拒的死亡。

我们之所以没有像那位患鼻癌的人一样,列出一张生命的清单,抛开一切多余的东西去实现梦想,去做自己想做的事,是因为我们认为我们还会活得很久。然而也许正是这一点量上的差别,使我们的生命有了质的不同:有些人把梦想变成了现实,有些人把梦想带进了坟墓。

每一个明天都是希望。无论陷入怎样的逆境,都不应该绝望,因为前面还有许多个明天。乐观的人,在绝望中仍然满怀希望;悲观的人,在希望中还是绝望。

上帝把1、2、3、4、5、6、7、8、9、0 十个数字摆出来,让面前 10 个人去取,说道:“一人只能取一个。”

人们争先恐后地拥上去,把 9、8、7、6、5、4、3 都抢走了。

取到 2 和 1 的人,都说自己运气不好。

可是,有一个人却心甘情愿地取走了 0。

别人说他傻:“拿个 0 有什么用?”

别人笑他痴:“0 是什么也没有呀! 要它干啥?”

这个人说:“从 0 开始嘛!”便埋头苦干,孜孜不倦地干起来。

他获得 1,有 0 便成为 10;他获得 5,有 0 便成了 50。

他一心一意地干着,一步一步地向前。

他把 0 加在他获得的数字后面,便十倍十倍地增加。他终于成为最富有、最成功的人。

为什么你不敢将梦想付诸行动? 是因为觉得为时已晚,还是害怕失败? 从零开始,经营自己的人生,也许你将会收获更多。赶快去实现自己的梦想,不要等到生命患了癌症的时候,更不要把梦想带到坟墓,因为到那时一切都为时已晚。

不丢掉自己的梦

小 米

美国某个小学的作文课上，老师给小朋友的作文题目是《我的志愿》。

一位小朋友非常喜欢这个题目，在他的簿子上，飞快地写下他的梦想。他希望将来自己能拥有一座占地十余公顷的庄园，在壮阔的土地上植满如茵的绿。庄园中有无数的小木屋、烤肉区，及一座休闲旅馆。除了自己住在那儿外，还可以和前来参观的游客分享自己的庄园，有住处供他们歇息。

写好的作文经老师过目，这位小朋友的簿子上被划了一个大大的红“×”，发回到他手上，老师要求他重写。

小朋友仔细看了看自己所写的内容，并无错误，便拿着作文簿去请教老师。

老师告诉他：“我要你们写下自己的志愿，而不是这些如梦呓般的空想，我要实际的志愿，而不是虚无的幻想，你知道吗？”

小朋友据理力争：“可是，老师，这真的是我的梦想啊！”

老师也坚持：“不，那不可能实现，那只是一堆空想，我要你重写。”

小朋友不肯妥协：“我很清楚，这才是我真正想要的，我不愿意改掉我梦想的内容。”

老师摇头：“如果你不重写，我就不让你及格了，你要想清楚。”

小朋友也跟着摇头，不愿重写，而那篇作文也就得到了大大的一个“E”。

事隔三十年之后，这位老师带着一群小学生到一处风景优美的度假胜地旅行，在尽情享受无边的绿草、舒适的住宿及香味四溢的烤肉之余，他望见一名中年人向他走来，并自称曾是他的学生。

这位中年人告诉他的老师，他正是当年那个作文不及格的小学生，如今,他拥有了这片广阔的度假庄园,真的实现了儿时的梦想。

老师望着这位庄园的主人,想到自己30余年来,不敢梦想的教师生涯,不禁长叹:“30年来为了我自己,不知道用成绩改掉了多少学生的梦想。而你,是唯一保留自己的梦想,没有被我改掉的。”

梦想,是属于自己的,谁人想改变都是不可能的。一个美好的梦想、一个坚定的信心,是成就自己一生的必胜法宝。

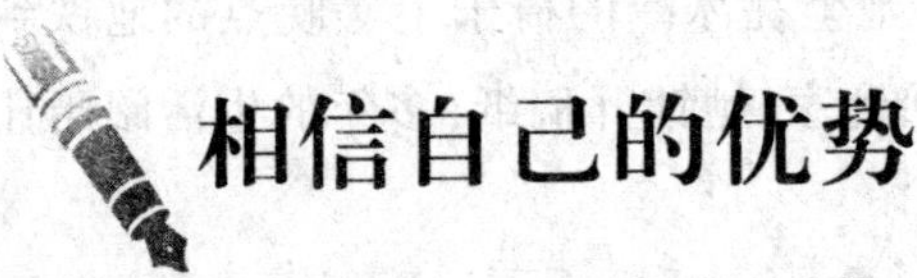

相信自己的优势

李鸿格

一个23岁的女孩子,除了有着丰富的想象力之外,与别人相比没有什么不同,平常的父母,平常的相貌,上的也是平常的大学。

大学的宽松环境让她有了更多的时间去想象,她的脑海中常会出现童话中的情景:穿着白衣裙的美丽姑娘、蔚蓝的天空、绿绿的草地,当然,还有巫婆和魔鬼……他们之间有着许多离奇的故事,她常常动手把这些想法写下来,并且乐此不疲。

在大学里,她爱上了一个男孩,他的举止和言谈真的和童话里一样,他是她想象中的“白马王子”,她很爱他。但是,他却受不了她脑海中那荒唐的不切实际的想法。她会在约会的时候,突然给他讲述一个刚刚想到的童话,他烦透了这样远离人间烟火的故事。他对她说:“你已经23岁了,但看来你永远都长不大。”他弃她而去。

失恋的打击并没有停止她的梦想和写作。25岁那年,她带着一些淡淡的忧伤和改变生活环境的想法,来到了她向往的具有浪漫色彩的葡萄牙。在那里,她很快找到了一份英语教师的工作,业余时间继续写她的童话。

一位青年记者很快走进了她的生活。青年记者幽默、风趣而且才华横溢。她爱上了他，并且很快步入了婚姻的殿堂。

但她的奇思异想还是让他苦不堪言，他开始和其他姑娘来往。不久，他们的婚姻走到了尽头，他留给她一个女儿。

她经受了生命中最沉重的打击。祸不单行的是离婚不久，她又被学校解聘了，无法在葡萄牙立足的她只得回到了自己的故乡，靠领取社会救济金和亲友的资助生活。

但她还是没有停止她的写作，现在她的要求很低，只是把这些童话故事讲给女儿听。

有一次，她在英格兰乘坐地铁，她坐在冰冷的椅子上等晚点的地铁到来，一个人物造型突然涌上心头。回到家，她铺开稿纸，多年的生活阅历让她的灵感和创作热情一发不可收拾。

她的长篇童话《哈利·波特》问世了，并不看好这本书的出版商出版了这本书，没想到，一上市就畅销全国，销售量达到了数百万之巨，所有人都为此感到震惊。

她叫乔安娜·凯瑟琳·罗琳，她被评为“英国在职妇女收入榜”之首，被美国著名的《福布斯》杂志列入“100 名全球最有权力名人”，名列第 25 位。

每个人都会有想象，但想象最终总会被岁月无情地夺去，只留下苍白而又简单的色彩。成功与失败的分水岭其实就是能否把自己的想象坚持到底，不懈努力直至达到自己的目标。

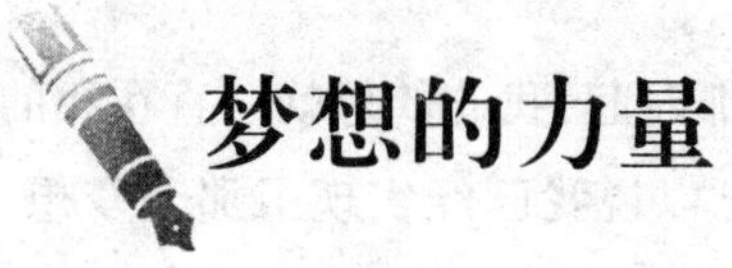

梦想的力量

岑松海

有个叫布罗迪的英国教师，在整理阁楼上的旧物时，发现了一叠练习册，它们是皮特金中学 B(2) 班 31 位孩子的春季作文，题目叫《未来我是——》。他本以为这些东西在德军空袭伦敦时被炸飞了，没想到它们竟安然地躺在自己家里，并且一躺就是 25 年。

布罗迪顺手翻了几本，很快被孩子们千奇百怪的自我设计迷住了。

比如：有个叫彼得的学生说，未来的他是海军大臣，因为有一次他在海中游泳，喝了三升海水，都没被淹死；还有一个说，自己将来必定是法国的总统，因为他能背出 25 个法国城市的名字，而同班的其他同学最多的只能背出 7 个；最让人称奇的是一个叫戴维的盲学生，他认为，将来他必定是英国的一个内阁大臣，因为在英国还没有一个盲人进入过内阁。

总之，31 个孩子都在作文中描绘了自己的未来。有当驯狗师的；有当领航员的；有做王妃的……五花八门，应有尽有。布罗迪读着这些作文，突然有一种冲动——何不把这些本子重新发到同学们手中，让他们看看现在的自己是否实现了 25 年前的梦想。当地一家报纸得知他这一想法，为他发了一则启事。

没几天，书信向布罗迪飞来。他们中间有商人、学者及政府官员，更多的是没有身份的人，他们都表示，很想知道儿时的梦想，并且很想得到那本作文簿，布罗迪按地址一一给他们寄去。

一年后，布罗迪手中仅剩下一本作文本没人索要。

他想，这个叫戴维的人也许死了。毕竟 25 年了，25 年间是什么事都会发生的。

就在布罗迪准备把这个本子送给一家私人收藏馆时，他收到内阁教育大臣布伦克特的一封信。他在信中说，那个叫戴维的就是我，感谢您还为我们保存着儿时的梦想。

不过我已经不需要那个本子了，因为从那时起，我的梦想就一直在我的脑子里，我没有一天放弃过，25 年过去了，可以说我已经实现了那个梦想。今天，我还想通过这封信告诉其他 30 位同学，只要不让年轻时的梦想随岁月飘逝，成功总有一天会出现在你的面前。

布伦克特的这封信后来被发表在《太阳报》上，因为他作为英国第一位盲人大臣，用自己的行动证明了一个真理：假如谁能把 15 岁时想当总统的愿望保持 25 年，那么他现在一定已经是总统了。

明确的目标和执著的精神几乎可以让你实现任何理想，达成任何目标！如果不甘于平庸就从设立理想开始，坚持下去，就能到达梦想的彼岸。

第六章

让全世界都给你让路

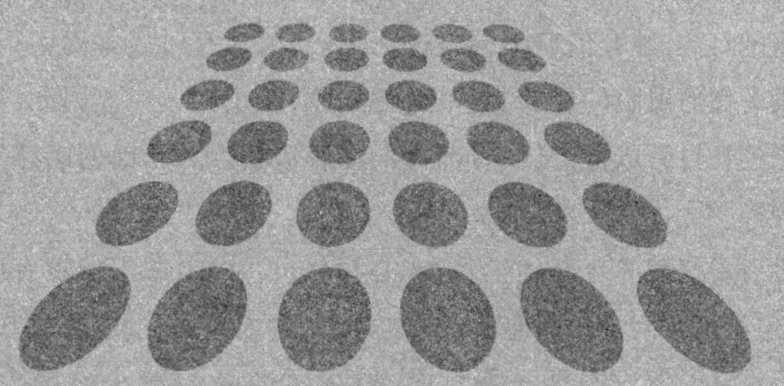

用信念带着梦想飞翔

魏晓琳

有一个女孩，比我大两岁，在一家工程公司做秘书。

每个人都知道，秘书工作没有什么技术含量。每天大致就是接听电话，收发传真，打印复印一些文件，然后端茶送水，给领导拎拎包。

这位女孩也喜欢文字，偶尔也写一些文章。当她通过朋友认识我后，表现得很热情，经常发邮件给我，希望我能帮助她走上写作的道路。

“即使不要稿费也可以。我希望快点转行。”当时她的愿望显得很迫切。因为她似乎已经意识到，秘书不是一个有前景的职业，尤其是在这样一个小公司，况且她没有任何专业背景，她对自己的职场晋升没有丝毫信心。

于是，我告诉了她一些写作方法，并鼓励她慢慢来。不久，我看到了她写的东西。因为是第一次写书稿，效果当然不理想。

我告诉她应该如何修改。她点头称是。

可遗憾的是，接下来，她的本职工作很忙，很少有时间来写作了。直到一年后的今天，她还是在原来的岗位，做原来的事情。偶尔很忙，偶尔很闲。未完成的书稿也一直搁置在那里。

也许当她进入写作的时候，发现写作并不是她想象的那么容易。一部书稿就将她打败，她有借口不再坚持写下去，因为有时候她确实很忙，因为她的确没有任何出版的经验，写书对她来说，难度太大了。因此，她还是做一些早已经让自己厌倦，又没有前途的琐碎事情。一年前的困惑始终没有让她摆脱掉。

她没有勇气辞掉自己的工作，专心写作。在对本职工作没有信心的情况下，又三天打鱼两天晒网地从事第二职业，并希望得到转行的机会。当她觉得秘书工作虽然没有前途,但确实很轻松的时候,她又感到对写作没有信心,失去了开始的斗志。

很难想象,她最终从一个秘书转行做一个作者是什么时候。或许,3 年、10 年、20 年后,当她的热情都被琐碎的杂务磨灭的时候,当她容颜老去,老板将她辞掉后,她会再次想到转行。

一个没有信念,或者不坚持信念的人,只能平庸地过一生;而一个坚持自己信念的人,永远也不会被困难击倒。因为信念的力量是惊人的,它可以改变恶劣的现状,形成令人难以置信的圆满结局。

随着《哈里・波特》风靡全球,它的作者和编剧 J.K.罗琳成了英国最富有的女人,她所拥有的财富甚至比英国女王的还要多。她曾有一段穷困落魄的历史,她的成功恰恰在于她坚持自己的信念。

罗琳从小就热爱英国文学,热爱写作和讲故事,而且她从来没有放弃过。大学时,她主修法语。毕业后,她只身前往葡萄牙发展,随即和当地的一位记者坠入情网,并结婚。

无奈的是,这段婚姻来得快去得也快。婚后,丈夫的本来面目暴露无遗,他殴打她,并不顾她的哀求将她赶出家门。

不久,罗琳便带着 3 个月大的女儿杰西卡回到了英国,栖身于爱丁堡一间没有暖气的小公寓里。

丈夫离她而去,工作没有了,居无定所,身无分文,再加上嗷嗷待哺的女儿,罗琳一下子变得穷困潦倒。她不得不靠救济金生活,经常是女儿吃饱了,她还饿着肚子。

但是,家庭和事业的失败并没有打消罗琳写作的积极性,用她自己的话说:“或许是为了完成多年的梦想,或许是为了排遣心中的不快,也或许是为了每晚能把自己编的故事讲给女儿听。”她成天不停地写呀写,有时为了省钱省电,她甚至待在咖啡馆里写上一天。

就这样,在女儿的哭叫声中,她的第一本《哈利・波特》诞生了,并创造了出版界奇迹,她的作品被翻译成 35 种语言在 115 个国家和地区发行,引起了全世界的轰动。

罗琳从来没有放弃过自己的信念,并用她的智慧与执著赢回了巨大的财富。即使她的生活艰难，她也坚信有一天，她必定会达到事业的顶峰。

每个人都希望有一天能飞黄腾达，都希望能登上人生之巅，享受随之而来的丰硕果实。遗憾的是，人们往往坚守不住自己的信念，总觉得顶峰是那样高不可攀，想象一下就已经足够了。

记得大学的时候，班上有一个男生，吉他弹得很不错。他经常开玩笑说，如果毕业后自己做一个流浪歌手，他会很高兴。

只是，毕业后，他的父亲为避免他受找工作之苦，很快给他找了一份临时工作，他接受了。不久，当同学们都在为自己的生活奋斗的时候，他结了婚，生了孩子。

聚会的时候，同学们开玩笑地对他说，街头少了一个优秀的流浪歌手。对此，他唯有苦笑。或许当初他只是随口说说，当他走进现实生活的时候，他才发现要实现自己的理想是那么的艰难。

有很多人，终生不甘平凡，却又无力改变平凡，这是人生中莫大的悲哀。人可以平凡，但决不能平庸。

策马扬鞭壮士筹志

赵德斌

所谓英雄不问出处。今日你我把酒言欢，它日扬鞭各奔征程。

邓俊天，号梓俊。生于戊午年，暌亥月，庚寅日。

年少时承祖训投笔从戎，兢兢业业苦练多磨。沉浮戎马十载余三矣，历尽坎坷。演习十次有余，虽未经历战火洗礼，但也经历了无数战争硝烟的历练。曾历生死之轮回也。志堪高于天，然命薄于纸。赤子之心一腔，拳拳报国之心仍不减一分。不堪庸人所属也。纵有韩信之才,孔明之略,却无双刘之主。

吾自从军以来,思进取怀报效之心,屡屡生死一线,除凶去害,誓愿终身从戎,建功立业。然事与愿违,仅数十年之余即被排挤不堪。今已饱经实学全赖军队所赐吾也。今意大展宏图,展凌云之志。

大丈夫何患世无立足之地也?何为丈夫也?升则飞腾于宇宙之间,隐则潜伏于波涛之内。君他日若得志,定纵横于四海。丈夫者,胸怀大志,腹藏良策,君今有包藏宇宙之机,吞吐天地之志也。然燕雀不识鸿鹄。

从戎十三载余,群小与新党中人,交相煎迫,以至五度贬之,历尽宦海风波,使得吾“形不病而身已悴,心未老而先衰”,今实不能承此重迫。故心有余力不足矣,唯求退之而去。

曾有日,夜不得眠,饭之无味,三更噩梦多惊醒,极度恐慌也。也曾数日胃不进粒米不觉饥也。回暮近年之况,屡屡被推之风口浪尖之上,犹首下寒刀架项之上。故而言不能畅,语不敢多。身常系安危一线之也。曾几度披霜顶月譬如朝露,惜日苦多且坎坷,慨当以慷忧思难忘惜日苦难也!何以解我心中之忧愁?且唯有把酒几两。青青子衿,悠悠我心之楚,但为一身才学不能报忠,吾沉吟至今。

呦呦鹿鸣,雁啼哀哉,我唯有古筝在手,悲切抚手一曲。皎皎明月,何时可辍?君方能入梦。浮云蒸碧萧萧,凉风拨松隙,烟斜水横一珏,青山玉彻成,抱膝石老,尚忆当年清歇好。半月溪边,徒把忧思卸满船。鸿雁过,疏影掠去。寂寞夜,千思万绪。日月落,人寰不遇。苦追寻,无觅处。冥冥火,映愁云幕,鞠躬尽瘁,英雄暮。风吹面,烟尘漱漱。惆怅夜,断消魂魄。渤海风,轻掀月帘。乾坤钟,回荡心田。乐普吟,离别梦牵。月已远,人无眠。孤独夜,五仗悲愁。回首遥望,涕湿衣襟。长江水,无语东流。此生有悔,心不甘。阴阳错,赤星飞坠。

几朝风,卷浮沉事。成败梦,赋予一醉。奈何长空,划残泪,英哉吾,予独含天灵,岂神之骶,岂人之精,何思之深,何德之清,异世同梦,恨不同生。

星稀月淡,触景有感。忧从中来从未断绝,使得吾,常彻夜难眠。越陌度阡、枉用相存,契阔谈宴、把酒谈笑、论天下时局。而今更念惜日战友弟兄旧情。月明星稀，吾如孤雁即南飞，绕营三周，无处立足，无处可依，实不愿走也。山不厌高，水不厌深，小儿胸襟狭隘，且不容吾。

“出鞘剑、杀气荡，风起无月的战场。即使千军万马吾独身闯亦何乎？浑身是胆不畏强。战友情，永难忘记。烽火时，肝胆相照。近数年，常断肠，再不愿，忍受压抑的伤。离别诗，三两行。写在三月春风雨路上，这一别兄弟情永不忘。离别诗，三两行，谁来为我黄泉路上唱？若我能死在大义之场，也不枉我人世走了也一趟。”

“出鞘剑，杀气荡，风起无月的战场。即使千军万马吾独身闯亦何乎？浑身是胆不畏强。”这是何等大气的心胸与理想，带上你的梦想，跟随它一路前行吧！

再次扬帆远航

李华伟

心若止水，波澜不惊。尘世的浮华和喧嚣，世俗的幸福和快乐，可以处之泰然，一笑而过。除了圣人谁能做到，但可惜我不是。

流年从手边不经意地泻过，那时的花开到此时的花落。

生命的价值也许不是我的理想，幸福的含义也得重新定义。态度决定一切，年少懵懂一无所知，至今才晓：少壮不努力，老大徒伤悲。

难道我的世界就这样一直一片黑暗吗？我的黎明是不是就在前方的点点星辰处，而我因为畏惧这短暂的黑暗，放弃了对曙光的追求。我知道不能再这样向前，也许前方就是我的墓地。

是时候该换航向了，载着我理想的帆船已经在此抛锚太久。搁浅在此也许就不会再面朝大海，就此凿沉，终结一生。明天也许天高气朗，也许阴雨连绵，但我已经没得选择，只有奋力向前航行，迎风破浪。

手把舵柄，却早已经不再熟悉。太久的闲置，太久的废弃。我们之间的配合不再天衣无缝。熟悉的开始陌生起来，一切显得那样的生疏。倒下的桅杆我必须重新竖起，落下的主帆我必须再次升起。

穷则生变，已经山穷水尽，没得退路，只有向前，哪怕是沉落海底，我无愧自己，等到千年以后的打捞，历史会给我一个奋斗的标记，我亦可以微笑着看我峥嵘的过去。

今天，已经没得选择的权利。无论前面是上刀山，还是下火海，我也要过。不是奋起开航，迎风破浪，期待荣归故里，就是随波逐流，草草收场，了此一生。生命留给我们诠释自己的机会有限。凡世的喧嚣和明亮，世俗的快乐和幸福，如同这弥漫着烟灰的空气，压抑得我们胸慌气闷，但我们却远离不得。

有时候真想一个人静静地坐在那里吸烟，看着十指间升腾的烟雾，哪怕是片刻的宁静也足够温暖潮湿的整个心灵。

年少时夹烟十指间，以为这就是成熟，等自己真正地想看烟雾缭绕的时候，才知道这只是一种实实在在的需要。

佛语："寒时水结成冰，暖时融冰成水；迷时结性成心，悟时融心成性，心性本同，依迷悟而有所差别。"一切皆态度使然……

人生在世，如若做到心若止水，波澜不惊，置尘世的浮华和喧嚣于不顾，那么必将收获世俗的幸福和快乐。再次扬起生命的帆，生命还是原来的光彩。

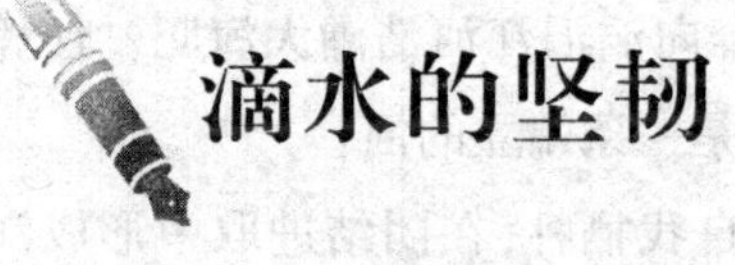

滴水的坚韧

徐光美

水滴是有魂的，我一生都在苦苦地寻觅。

不知找了多少个日子，我终于累了，倒在一个岩洞前。

"滴，滴……"听，一串串清脆的声音响在耳际。哦，是水滴！我急忙往岩洞深处寻去。

穿过磐石的间隙，我看见了从石缝间滤过的水滴。它一滴滴有节奏地滴在坚实的青石上，奏出欢快的歌谣。

再怎么坚韧的青石也受不了它长年累月的打扰，已惊得合不了嘴唇，这是“水滴石穿”吗？我家屋檐下的石头不也是这般吗？我不禁摇摇头继而问自己，这就是水滴之魂么？没有休止和停顿，总是在顽强地、锲而不舍地滴着，滴着……

我伫立着，脑海却浮现了一幅神奇的画面：一望无际的沙漠里，有一位看来又累又饥又渴的少女，在那炙热的沙丘上爬行，她是那么的无助，干裂的嘴张开着，似在渴望着甘露。冥冥之中有一种力量支配着她，使她仍不停息地跋涉。她坚信山丘的那面便有那生命的水滴——即使没有，她仍要顽强地“走”着，直到她找到那份久违的希冀……

这大概是向我诉说另一个“水滴石穿”的故事吧，也许还有它更深的内涵，我想。从这个故事里，我似乎明白了点什么。

这是一座大桥，伫立在河流的上方，我听到了气势磅礴的呐喊，看到了声势浩荡的波涛。我不禁大呼：“水滴魂，你在哪里……”炸雷一声惊天地，风卷起来了，巨浪翻滚起来了，大点的雨滴打在我的脸上、身上，雨水与河流汇到了一起，那气势足以惊天地、泣鬼神。我猛地惊醒，一颗颗水滴，不是总要和谐地汇成小溪，共同形成一股巨大的力量，奔向滔滔江河浩瀚大海吗？任凭山石也分离不了它们，即使从绝壁上跌落仍是一条站立的河！

水滴就是在顽强不屈的意志下不断地自我牺牲，在团结进取中形成江海的。啊，我终于找到了水滴魂！我欢跃起来，原来它时刻都在我身边呢，只是我当时寻魂心切，没有认真读懂它呵。现在我懂了——不仅在学习上自怨自艾，消极悲观的人需要它；而且在生活中斤斤计较，贪天之功的人们需要它；重要的是那些热衷于个人雄踞一方，两人便势不两立，三人就闹三国鼎立的人更需要它……

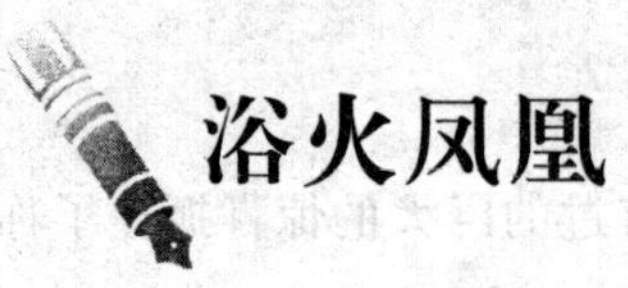

浴火凤凰

叶菡琴

踏上岛的时刻,你和五月撞了个满怀,对于北方,它是一个最美丽多情的季节。

在家里、在船上你就做了许许多多相同的梦,你总是梦见自己变成了一滴水,穿透陶醉的春天,选择了蓝色的漂泊……临下船时你把一首小诗装进一个空饮料瓶里,扔进碧波滚滚的大海,看着它载着你的梦在波涛中翻滚、跳跃,最后渐渐地漂远了、漂远了,你双手合十在内心祈祷——你想你的命运大概就是这只漂流瓶吧,但愿它美丽而勇敢地前行。

为什么来海南?这是你赴琼之前家人与朋友的怨声和疑惑。你登岛之后连日找不到合适的工作,面对喧闹城市芸芸众生时,你苦苦思索,仅仅为了钱?仅仅为了爱?都不是。难道你寻找的是一种阳光隙缝间的雪,一种汗水穿透脊背结成的冰,还是一种无法诠释的热烈感觉?

其实你的心中也有些许迷惑,但冥冥之中你总感觉一种莫名的呼唤。很小的时候你就迷上了海南岛,特别是椰子树那蓬勃向上、纯洁奉献的品格深深打动了你,但你总感觉它的美是孤独的,甚至有些忧郁和冷淡。

这次你终于见到了真正的椰子树,也真正走进了它的孤独,你感觉椰果本身就是椰树凝固沉重的泪,落在地上,掷地有声,那是长期忍耐寂寞的结果,它不应该仅仅作为海南的象征。你终于找到了一份自己喜爱的工作,看到同事们整天忙碌,充分发挥着自己的潜能,你感到由衷的欢欣。

同事们也问你来海南找什么?你说你也不知道,反正青春赶上了时代的大潮,就应该到最热闹、最有魅力的地方闯闯,在内地总觉得还有很多劲没有使出来,而且你不愿意过一种重复的循规蹈矩的日子,你希望每天对于你都是崭新的。一天，突然女伴对你说她看到一种叫不出名字的树，花朵火红火红像燃烧的朝霞，让你也一道去看看，你当然激动了，来海南感受最美的东西莫过于五彩缤纷的事物了。

于是，你来到这株神秘的树前。

你相信一种颤抖燃着了你的血，一种从未有过的巨大的惊喜扼住了你的心。

有生以来，你还从没有看过这么红的花，红得纯洁如血，红得惊世骇俗，红得可歌可泣，大朵大朵鲜艳无瑕的花朵合抱在一起，一簇簇使你感觉一种无法战胜的庄严力量，这是生命的力量，这是青春的力量，这是美的力量。

一瞬间你灵魂深处那种莫名却骚动的情感被突然点亮，你感觉自己通体透明，像刚刚来到这个世界一样激动，充满激情和欲望，充满飞翔的信念和狂想。

你想她一定有一个不一般的名字，一个能飞翔的名字。

结果一问邻人，名曰火凤凰。

火凤凰，啊，多么完美无双的名字呀！一个不屈不死的永恒的名字，经过血与火的洗礼，涅槃出一种时代精神。

她比椰子树更能代表今天的海南，改革开放使这座孤岛重新燃烧起青春的火焰，那么浓重、那么热烈，她吸引着内陆一批批奋斗者，义无反顾地投入她的怀抱，加入建设者的行列，在烈焰里百炼成金。

你突然想要立即给亲人与朋友们写信，告诉他们你来海南就是为了找这株火凤凰，为了像她一样完全彻底地燃烧……

火凤凰，一个完美无双的名字，一个美丽的梦想，不屈不死的永恒的名字，经过火热梦想的洗礼，涅槃出一种时代精神。

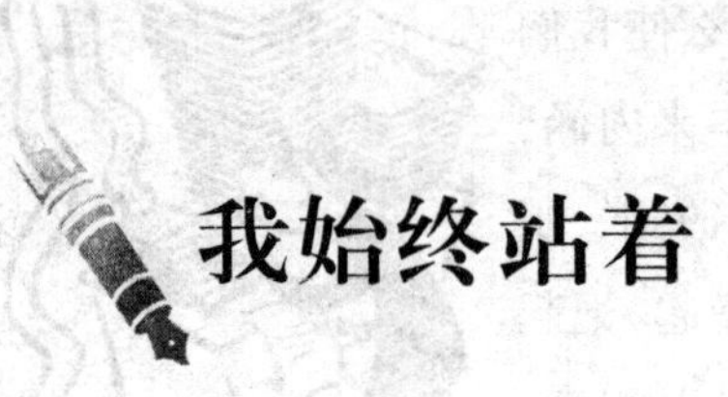

我始终站着

李晴空

即使所有的青藤树都倒了,你也要站着,即使全世界都沉睡了,你也要醒着。6年前,我把这样的句子写在他的笔记本上,然后告别母校,各奔东西。

他留给我最深的印象是沿校园长跑的背影,拖着残疾的右腿,一跛一跛地,迎接着一张张表情各异的面孔,一双双好奇的眼睛。足球场上,他在“瘸子,射门”的叫喊声中跌倒,又爬起来……

6年的光阴不算长,忆起从前却恍如隔世。这期间我与很多同龄人一样,承受了不少原以为承受不起的东西。但即使再绝望,也不曾用勉励别人的英雄主义诗句来自勉,仿佛那种气概已全部赠予别人,而不再属于自己,倒是记起他一跛一跛的背影。于是很艰难地学会将痛苦与耻辱变成人生的财富,咬咬牙,俨然如真正的英雄那样对自己说:“我不入地狱谁入地狱。”为此,我对他充满感激。

不想,6年后的今天相遇,他竟真诚地告诉我,直到现在,他还在读那几句留言,“即使所有的青藤树都倒了……”他脱口而出。6年来,他的工作和生活都经历了不幸,他说是这几句留言使他初衷未改。

我一下子怔住。原来,我们每个人都可以在有意或无意中给了别人很多很多。同样,也可以剥夺别人很多很多。岁月流逝,我们抓住了什么,又放弃了什么?

每一个旁人都同自己一样充满一种渴望、一声呼唤、一个微笑、一道目光、一纸信笺、一个电话、一种关注、一个会意的眼神,甚至仅仅是那么一种认可或容忍,而我们却常常忽略。每个人心中都有一片绿荫,却不能汇成森林；每个人都在呼唤，总是不能互相答应。

其实，论年龄，我们还年轻，但究竟是什么使我们的感觉日渐迟钝？使我们通常忘记年轻的本来内涵，忘记曾有过怎样的初衷、梦想和志向？偶尔失眠，于夜深人静时扪心自省，疼痛会于内心深处漫起，记起许多业已淡漠、遗忘或丢弃的东西。然而早上醒来，却无暇拾起什么，甚至忘记曾在梦中哭泣，唯一可做的事情便是将自己绑在生活的车轮上，碾过一个又一个相同的日子。“即使所有的青藤树都倒了……”这回轮到我自己来读了，读别人的话时很轻松，读自己的话时则很沉重，很痛苦，也很必要。

人生忙碌，无暇拾起什么，甚至忘记曾在梦中的哭泣，唯一可做的事情便是将自己的梦想绑在生活的车轮上，碾过一个又一个相同的日子。

奉献出自己的果实

蔡晓芬

房前有片菜地，自从用篱笆圈起来，边上就长了一棵树。由于不妨碍种菜，一直就没动它。后来菜地荒了，篱笆没了，门前就多出一棵树。孩子两岁时，去了一次乡下，回来问我：“妈妈，爷爷院子里有一棵枣树，我们家的这一棵也是枣树吧？”

大人不在意的事，经孩子一问，就显得非常复杂。听了儿子的问话，我顿时犹豫起来，我还真不知它是棵什么树。于是每有人来，我便多了一件事，那就是，问他们是否认识那棵树。一天，农校的一位朋友来，喝茶叙旧之后，我把他引到院子里：“这棵树你该认识吧？”他审视了一会儿，说：“这是一棵李子树，一看叶子就知道。”当天晚上，我告诉儿子：“以后你有李子吃了，我们家的那棵树是李子树。”

寒来暑往,日复一日,李子树一天天长大,就在孩子从幼儿园升小学的那一年,它开花了。此时,适逢父亲从乡下来,他看着房前的李子树,说:“今年你们有樱桃吃了,你看你们门前的那棵樱桃树,花开得多茂盛。”“爷爷,那是棵李子树。”

“傻孩子,李子树什么样子,我能不知道吗?你们家的这一棵是樱桃树。”

被我们叫了 3 年的李子树,原来是一棵樱桃树。

父亲走后,樱桃花开始飘落,几粒青色的果实开始显露出来。就在儿子等着吃樱桃的时候,不知是什么原因,树上看得见的几个果子开始脱落,直到一个不剩。那棵树从此再没人关心。深秋的一天,房前有人丈量土地,听说开发公司要在这儿盖一栋大楼。一位画线员在那儿喊:“这是谁家的核桃树,要移赶快移走,明天挖掘机就来了。”明明是我们家的樱桃树,怎么又成了核桃树?我从家里出来,说:“那是我们家的樱桃树。”“樱桃树?我没见过樱桃树,还没吃过樱桃吗?那上面明明挂着一颗核桃。”画线员边说,边顺手指向树梢。那儿确实挂着一枚小小的核桃。我们家房前的那棵树,不是一棵樱桃树,它是一棵核桃树。

10 年过去了,每次想起我们家的那棵树,心中总有一种说不出的感慨。这棵树多次被我们张冠李戴,最后是它自己用一枚小小的果子,向我们证实了它的真实身份。

它要我知道,作为一个人,你必须奉献出自己的果实,否则在这个世界上,没谁会真正认识你。

和崇拜的人同行

卫　东

我现在是走在 18 世纪初美国长岛的森林中。我步履匆匆，树木、鲜花……都从身边闪过。

我的目的地，是一座平凡的乡间小屋，一位微笑着的妇人站在院中等我。我一阵激动，冲了过去："啊，您就是……"

妇人笑着点了点头，把我领进小屋。我正好奇地环视着房屋，突然，一条长帕蒙住了我的眼睛。"来，孩子，让你体会一种新的生活。"我可以说是跌跌撞撞上了楼，在那里，我见到了——应该说是摸到了——我心目中的强者海伦·凯勒。我静静地摸着她的手，她的脸，可脑中却没有一点印象，眼前仍旧一片漆黑。

"我想你很消沉，你并不快乐。"

"啊，没有。我生活很充实，很忙碌，我时常感到累，简直来不及想其他。""那么来吧，说说你在来路上见到的。"

"我，看见了森林，还有花，有小溪。""你听到可爱的鸟儿的歌唱了吗？"

"不，没注意。"我笑了。"那树是什么样子的呢？"

"跟其他树一样，很普通。"这是我和海伦，也可以说是和麦西夫人的对话。我觉得这是一些多么无聊的问题，我迫不及待地要开口询问海伦是如何能磨炼出那超乎常人的毅力与博大的善良。这时，海伦却引着我，摸索着走出小屋。

她的脚步一接触土地，就快步走起来。这对于我这个看不见的明眼人，是多么困难。

突然我们停住了，海伦握着我的手，一动不动。四周静了下来，我脑子里很乱。

但渐渐地，耳中传来几声鸟叫，我渐渐听得出神起来，小鸟清脆的声音，时而欢快，时而低沉，仿佛在表演一首乡间小调，我不禁微笑了。我的手接触到了冰凉的东西，嗯，是小溪。溪水淙淙从我指间流过，跳跃涌动，好像是有生命在亲吻我的手心。

我站起身，手中又接过了一片叶子。我开始细细地用指尖触摸它的纹路，它的表面光滑而清凉。

“一定是一片新绿的嫩叶！”我嗅着它的气味自语道。

整个下午我们都在森林中游荡，我们一起触摸那大树苍老的树皮，摩挲花儿柔软而卷曲的花瓣，或是躺在林边草地上，感觉和风吹拂我的脸和头发，温暖的阳光照在我们身上。我越来越急切地渴望亲眼看一下这美丽的地方。我悔恨，怎么刚来时竟没有发现呢？黄昏时分，我欢跳着回到小屋。我眼前的长帕终于被解下来。迎接我的是两张脸：一张是年迈却又和蔼的脸，而另一张，充满生气，还有更多更多我在今天上午还不一定会读出东西的海伦的笑脸。

“谢谢！”我无比激动地拥抱着她们，“我终于懂得了热爱生活！”我冲出小屋，凝望我眼前的世界——它们好像是新生似的，如此的新亮、可爱。

“是啊！”我叹道，“能够这样地热爱这世界，还有什么值得畏惧呢？”

“是啊，能够这样地热爱这世界，还有什么值得畏惧的呢？”热爱生活的心全仗着有个美好的梦想。

人生没有回头路

海　啸

一个多年没见的女学生，突然跑来，要求帮忙向她的男朋友求情。

“你要我去找你的男朋友，当说客？”我不敢置信地问：“他不是向来对你百依百顺吗？”

那男孩子我认识，以前常陪这女生来上课。女生站在那儿画石膏像素描，男孩儿就坐在旁边看。女生画不好，心急冒汗，男孩儿过去帮她擦汗，一边擦还一边挨骂。

“现在情况不同了。”女生对我说：“都怪我，还是常发脾气，一气就要他走远点。每次他走，都隔一下就打电话回来，问我还气不气。可是前两个月，有一天，他走了，没有打电话，也没回来，他再也没回来找我，老师！你知道我多爱他，5年了啊！你看到了，现在他居然不理我了。”

没办法，我只好硬着头皮把男孩子找来。

“是不是有人要老师找我？”男孩儿居然开门见山地说，“没用的，她已经找了一堆朋友了。”

“为什么？”我问。

“因为当我离开她家的那天，我就告诉自己，这次绝不回头。”

男孩儿走了，我坐在那儿好半天，心里很不是滋味，不只为调解失败而不是滋味，更因为咀嚼他斩钉截铁的那句话。

“绝不回头！”

多么熟悉的一句话啊！

苦海无涯，回头是岸。浪子回头金不换。

从小到大，总听到要人回头这句话，好像一回头，事情就能化解，仇怨就能消除，错误就能补偿。

可是，在同一时间，我们也总被灌输一种“不回头”的观念——

小时候，听人讲鬼故事，说狐仙。

“没练到家的狐仙，还一脸狐狸像，后面夹个大尾巴，它不敢正面冲人来，只敢从后面拍拍你的肩膀，叫你的名字。”说的人瞪大眼睛：“所以半夜一个人在野地走，有人拍你的肩膀，叫你的名字，你可千万别回头，一回头就会被它一口咬断喉咙……”

少年时读圣经《创世纪》的故事，有个叫所多玛的城市，因为罪恶深重，上帝要把它毁灭。

但是所多玛城里还有罗德一家好人，上帝就派天使去把罗德夫妇和他们的两个女儿带出城,并对他们说:“逃命吧！不可回头看!”

没想到罗德的妻子走在最后面,舍不得家园,偷偷回了一下头,立刻变成一根圆柱。

那圣经故事的插图,我记得很清楚,一尊回头的石像,直直地立在荒野之中,爬满了藤蔓。

上大学了,看了部当时著名演员杨群的电影,片名忘了,只记得杨群饰演个很善良的医生,因为受人陷害而被判死刑。

“我死了没关系,可是我半生研究的医术、药方,如果不能传下去救世人,就太可惜了。”杨群临刑前感慨地说。

好心的刽子手就教他:“我不能不杀你,但是可以多给你点时间,回你的家,把药方写完,再下阴间。记住！当我手起刀落,你就心里默念你家乡的地名,拼命往前跑,后面会有很多人叫你,你可千万别回头。”

医生的魂魄就这样跑回家,在他妻子的协助下完成了“遗愿”。

大学毕业,在电视公司做了五年记者,每天报道黄金档的新闻,却觉得愈来愈空虚,愈来愈不足。

于是决定辞职,出国进修。我把想法告诉岳父。

岳父来回踱着方步,说我人正红,收入也高,舍不舍得？又有没有把握在美国念得下去？隔了半天,他说:“我不反对,只是如果你决定了,就再也别回头!”

岳父淡淡的这句话,真重,让我背着,硬撑了一段艰苦的岁月,其间,国内的电视公司不知开了多少优厚的条件,我都“没回头”。

所以,当那男孩儿不听劝,说他绝不回头的时候,我怔住了。

发现从小到大,我们“不回头”的时间远比“回头”的多,甚至可以说我们受到的教育非但不是“回头是岸”,反而是“绝不回头”。

今天下午,带女儿去看《星际大战》,这部乔治·卢卡斯的“新摇钱树”,是描述前面三集中男主角“天行者”的童年。

跟母亲一起身陷为奴隶的“小天行者”,有着过人的胆识,居然参加星际大赛车得到第一名,而能获得自由。

小天行者的母亲,送孩子离开的时候,搂着儿子说:“你要勇敢,不要再回头！不要再回来！”

电影散场了。10 岁的女儿突然问我：“爹地！小天行者的妈妈为什么叫他不要回头！她难道再也不想看到她的儿子了吗？”

我对女儿笑笑：“这个问题，爸爸以前也想不通，但是现在想通了。其实我们每个人生下来就不能回头。想想，你从妈妈的肚子里出来，能回头吗？你出来就回不去了。”

时间是往前走的，钟不可能倒着转，所以一切事只要过去，就再也不能回头。

所以，这世界上即使像我们出门发现忘了带样东西，你不会倒退着走回家，而是转身回家。

“我们可以转身，但是不必回头，即使有一天，你发现自己走错了，你也应该转身，大步朝着对的方向走去，而不是一直回头怨自己错了。”

我对女儿说：“记住！人生路是不能回头的。”

回头是危险的，一边跑一边回头的人绝对跑不快，而且容易摔倒；总是回头缅怀过去的人，就不容易开创未来。

为人生确立意义

花向阳

我有过若干次讲演的经历，面对从医学博士到贫民窟的孩子等各色人群，我都会很直率地说出对问题的想法。在我的记忆中，有一次经历非常难忘。

那是一所很有名望的大学，约过我好几次了，说学生们期待着和我进行讨论。我一直推辞,我从骨子里不喜欢演说。每逢答应一桩这样的公差,就要莫名地紧张好几天。但学校方面很执著,在第 n 次邀请的时候说:“该校的学生思想之活跃甚至超过了北大,会对演讲者提出极为尖锐的问题,常常让人下不了台,有时演讲者简直灰溜溜地离开学校。”

听他这样一讲,我的好奇心就被激了起来,我说我愿意接受挑战。于是,我们就商定了一个日子。

那天,大学的礼堂挤得满满的,当我穿过密密的人群走向讲台的时候,心里涌起怪异的感觉,好像是“文革”期间的批斗会场,不知道今天将有怎样的场面出现。果然,从我一开始讲话,就不断有条子递上来,不一会儿,就在手边积成了厚厚一堆,好像深秋时节被清洁工扫起来的落叶。

我一边讲演,一边充满了猜测,不知树叶中潜伏着怎样的思想炸弹。讲演告一段落,进入回答问题阶段,我迫不及待地打开了堆积如山的纸条,一张张阅读。

那一瞬,台下变得死寂,偌大的礼堂仿若空无一人。

我看完了纸条说,有一些表扬我的话,我就不念了。除此之外,纸条上提得最多的问题是——“人生有什么意义?请你务必说真话,因为我们已经听过太多言不由衷的假话了。”

我念完这张纸条以后,台下响起了掌声。我说你们今天提出这个问题很好,我会讲真话,我在西藏阿里的雪山之上,面对着浩瀚的苍穹和壁立的冰川,如同一个茹毛饮血的原始人,反复地思索过这个问题。

我相信,一个人在他年轻的时候,是会无数次地叩问自己——我的一生,到底要追索怎样的意义?

我想了无数个晚上和白天,终于得到了一个答案。今天,在这里,我将非常负责地对大家说,我思索的结果是:人生是没有任何意义的!

这句话说完,全场出现了短暂的寂静,如同旷野。但是,紧接着就响起了暴风雨般的掌声。

那是我在讲演中获得的最激烈的掌声。在以前,我从来不相信有什么“暴风雨”般的掌声这种话,觉得那只是一个拙劣的比喻,但这一次,我相信了。我赶快用手做了一个“暂停”的手势,但掌声还是绵延了若干时间。

我说，大家先不要忙着给我鼓掌，我的话还没有说完。我说人生是没有意义的，这不错，但是我们每一个人要为自己确立一个意义！

是的，关于人生的意义的讨论，充斥在我们周围。很多说法，由于熟悉和重复，已让我们从熟视无睹滑到了厌烦。可是，这不是问题的真谛。

真谛是，别人强加给你的意义，无论它多么正确，如果它不曾进入你的心灵，它就永远是身外之物。比如我们从小就被家长灌输过人生意义的答案。在此后漫长的岁月里，谆谆告诫的老师和各种类型的教育，也都不断地向我们批发人生意义的补充版。但是，有多少人把这种外在的框架，当成了自己内在的标杆，并为之定下了奋斗终生的决心？

那一天结束讲演之后，我听到有同学说，他觉得最大的收获是听到有一个活生生的中年人亲口说，人生是没有意义的，但你要为之确立一个意义。

确立人生的意义，人对生活才有期望，活着才有追求，人生才有滋味。

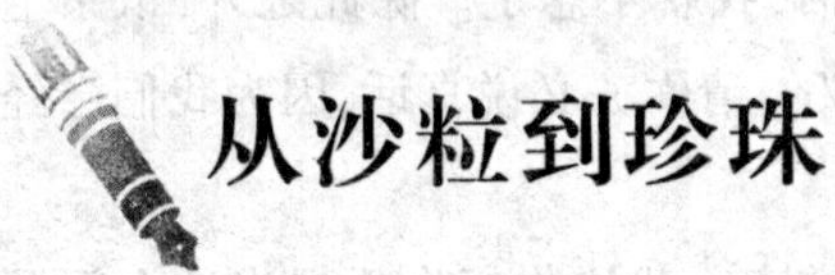

从沙粒到珍珠

华西民

有一个大学生，他觉得自己非常有才华，渴望着能够开创一番轰轰烈烈的事业。可是，他毕业以后却找不到理想的工作。拒绝他的理由都是一样的：认为他能力不够。这让他非常沮丧，他绝对不相信自己是个无能的人，而是这个社会没有人能够欣赏他的才干。他对这个社会感到极大的失望。于是有一天，痛苦的他跑到了海边，准备投海自杀。

正在这危急关头，一位老人恰巧路过，他救下了这个绝望的年轻人。老人问道：“你年纪轻轻，有着大好前程，为什么这么想不开？”

年轻人听了老人的话，更觉得悲伤，他说道：“我毕业于名牌大学，学的是热门专业，成绩也不错，而且多才多艺，我自认能够找到一份好的工作，可是为什么人们都拒绝录用我？他们说我能力不够，难道我这样的人没有才能吗？应该是他们目光短浅，不懂得赏识吧？"

老人听了年轻人的话后没说什么，他弯下腰从海滩上随便捡起了一粒沙子，他让年轻人仔细看了看，然后又把这粒沙子抛到了海滩上。然后，老人对年轻人说："你能把我刚才扔掉的沙子再找出来吗？"年轻人顺从地蹲下身来，在地上仔细地寻找。可是，海滩上的沙子实在是太多了，而且老人刚才捡起的只是一粒很普通的沙子，它已经和海滩上所有的沙子混到一起，再也找不回来了。年轻人睁大眼睛找了半天，也没能找到。

老人又从口袋中掏出一颗珍珠，也让年轻人仔细看了看，并随手把它扔到海滩上的沙粒里。然后他对年轻人说："你能把我刚才扔掉的珍珠找出来吗？"这回年轻人很快就找到了珍珠。因为珍珠实在太耀眼了，沙子根本不能掩盖珍珠发出的光芒。这时候，老人对年轻人说话了："你明白其中的道理吗？你现在还不是一颗珍珠，所以你不能责怪别人不承认你的能力。好好努力吧，等你真正成为一颗珍珠时，谁都能看到你发出的光芒。"

年轻人如大梦初醒，他以前从没怀疑过自己的能力有问题，总是一厢情愿地指责社会不给自己机会。他想起以前导师对他的告诫："你理论成绩虽好，却不懂得如何运用于实践；你虽然多才多艺，却不懂得灵活变通。你还要好好地磨炼自己。"只可惜，自己把导师的话当成了耳边风，只知道一味地孤芳自赏。这回他才真正明白，原来自己还不是一匹"千里马"。从此以后，他收起骄傲自大的心理，牢牢记住导师和老人的指点，从底层做起，把每一项任务都当成一次难得的自我磨砺的机会，最后终于成为一颗明亮的"珍珠"。

再近的梦想，也要从点滴做起，只有踏踏实实地走好每一步路，才有机会去接近、实现梦想。

将梦想折成一只船

孔　辉

生命的日子里，有晴天，也会有阴天、雨天。

人生的路上，有平川坦途，也会撞上没有舟的渡口，没有桥的河岸。

烦恼、苦闷常常像夏日里的雷雨，突然飘过来，将心淋湿。挫折苦难常常猝不及防地扑过来，你甚至来不及发出一声叹息就轰然被击倒。倒在挫折的岸边、苦难的岸边，四周是无边的黑暗，没有灯火，没有星星，甚至没有人的气息。恐怖和绝望从黑暗里伸出手紧紧地钳住可怜的生命。有的人倒在岸边再也没有爬起来，有的人在黑暗里给自己折了一只船，将自己摆渡到对岸。

20 岁忽然残了双腿的史铁生，为自己折了一只船。这是一只名为“写作号”的船。他是在看穿了“死是一件无须着急的事，是一件无论怎样耽搁也不会错过的事”，才在轮椅中给自己折了这只船，将自己从死亡的诱惑里摆渡出来，“决定活下去试试”。

正攻读博士学位却患了运动神经细胞病，不能说、不能动的史蒂芬·霍金，做了一场自己被处死的梦。梦醒后，万念俱灰的他突然意识到，如果被赦免的话，他还能做许多有价值的事情。于是他给自己折了一只“思想”的船，驶进了神秘的宇宙，去探讨星系、黑洞、夸克、“带味”的粒子、“自旋”的粒子、“时间”的箭头……

在苦难岸边匆匆折成的船，成了不幸命运的救赎之路。

也许一生之中我们不会遭遇这样的大灾大难，然而我们何曾摆脱过阴天雨天雪天，何曾摆脱过绝望的纠缠！折磨人生的，一是生存，一是爱情，它们常常突然间就浊浪翻滚地横亘在面前，你愁肠百结地找不到过去的桥，痛不欲生地找不到可以渡过去的船。这种无路可走的绝望,一生中谁不碰上几回!

当我们知道苦难是生命的常态,烦恼痛苦总相伴人生时,我们何必要自怨自艾,早早地放弃,早早地绝望?

有的人将求生的本能折成一只船,将自己摆渡出绝望的深渊;有的人将新的欲望折成一只船,渡过了挫折后的痛苦与沮丧;有的人将希望折成一只船,驶过了重重叠叠的黑暗。实在无船可渡的人,哪怕用幻想折只小船,也要奋力将自己摆渡到对岸。

也许我们不曾经历感情的剧痛,不曾经历失败的打击,不曾经历无路可走的绝望,可是晴朗的日子里也常会有阴风晦雨袭来。它像一只黑乌鸦扇着翅膀在你周围鼓噪着,足以将一份好心情蹂躏得乱七八糟。这种时候,我们同样需要有一只船来摆渡自己。这只船也许是去听一场音乐会,也许是捧起一本书,也许是通过互联网上给从未谋面的网友发封电子邮件,也许是背上旅行袋悄悄出门。

总之,你的快乐悲伤是可以由自己决定的。

无论命运多么晦暗,无论人生有多少次颠簸,都会有摆渡的船,这只船常常就在自己手里。

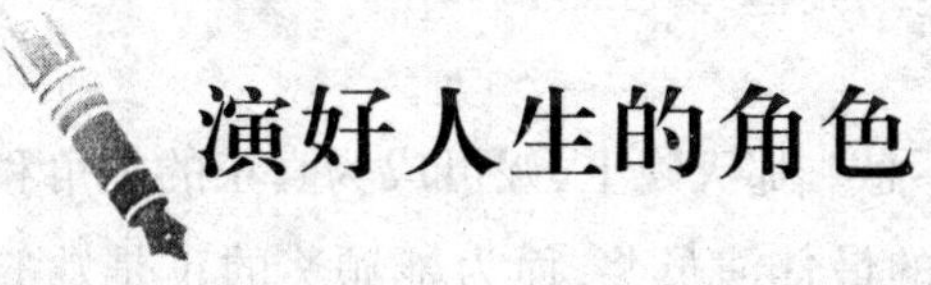

演好人生的角色

路文如

10 岁的妮可喜欢表演,她最喜欢的演员是当时最著名的一位男演员。她的理想就是成为一名职业演员并且能和最喜爱的男演员合作出演一部戏。

凑巧的是妮可所在的学校正准备编排一部名为《和睦的家庭》的舞台

剧，于是妮可激情万丈地去报名，并且成功地被录用了。妮可把这次演出看做是自己的处女作，把每天的业余时间都用在钻研表演上。然而当剧组决定角色的那天，妮可铁青着脸回到了家。妮可的父母连忙询问她出了什么事。原来剧组把主要角色都分给了别人，妮可只被分到饰演狗的角色。妮可认为这是其他人在给她难堪，然而，现在决定退出已是不可能的事情了。

这件事后，妮可变得郁郁寡欢。细心的爸爸察觉到了女儿的不快，他很快想出了一个办法。他通过朋友找到了女儿最喜欢的那位演员，将情况和他说了，那位演员听后对这件事很感兴趣，并要亲自来帮忙说服妮可。

一天后的下午，这位演员来到了妮可家，妮可看到自己的偶像，当然高兴万分，对他所说的每句话更是深信不疑。他告诉妮可，他在学校出演话剧时曾饰演过一棵树，不仅没有台词，连动作都没有一个。他还说只有小演员没有小角色。

之后的一段时间，妮可积极参加每次排练，她练得很投入，为演好角色还专门买了一副护膝，方便在地上爬来爬去练习。演出的那天，学校的礼堂里座无虚席。演出开始不久，随着主角的陆续出场，妮可也穿着一套毛茸茸的狗道具手脚并用地爬进场来。这时许多观众都将目光集中到她的身上，因为妮可将狗的蹦蹦跳跳和摇头摆尾的形态表演得惟妙惟肖。许多人被吸引着。紧接着妮可又将狗从睡梦中惊醒，机警地四下张望的神情表演得更是出神入化。此时，观众已经不去关注主角们说什么台词了，他们将注意力都集中到了妮可身上，随着妮可的精彩表演不断延续，台下的笑声也是此起彼伏。

演出结束后，观众的掌声经久不息。那天晚上，妮可成为真正的主角和明星，她以精湛的演技赢得了当晚的最佳演员奖，而为她颁奖的正是她的偶像。

生活中我们都在各自充当着不同的角色。无论是大角色，还是小角色，都是生活这个舞台不能缺少的。正如人的地位不分贵贱，平凡的岗位同样能做出不平凡的事情一样，重要的是要有一颗积极的、高贵的心。平凡的角色也同样可以获得人们的认可。

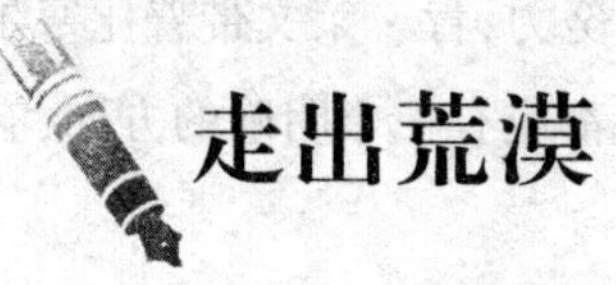

走出荒漠

李雪娟

撒哈拉沙漠中有一个小村庄叫比塞尔。它靠在一块 1.5 平方公里的绿洲旁,从这儿走出沙漠一般需要三昼夜的时间,可是在英国皇家学院的院士肯·莱文 1926 年发现它之前,这儿的人却没有一个走出过大沙漠。据说他们不是不愿意离开这块贫瘠的地方,而是尝试过很多次都没有走出去。

肯·莱文用手语同当地人交谈,结果每个人的回答都是一样的:从这儿无论向哪个方向走,最后都要转回到这个地方来。为了证实这种说法的真伪,莱文做了一次试验,从比塞尔村向北走,结果三天半就走了出来。

比塞尔人为什么走不出去呢?肯·莱文感到非常纳闷,最后他决定雇一个比塞尔人,让他带路,看看到底是怎么回事。他们准备了能用半个月的水,牵上两匹骆驼,肯·莱文收起指南针等设备,只拉一根木棍跟在后面。

10 天过去了,他们走了大约 800 英里的路程。第 11 天的早晨,一块绿洲出现在眼前,他们果然又回到了比塞尔。

这一次肯·莱文终于明白了,比塞尔人之所以走不出大沙漠,是因为他们根本就不认识北极星。在一望无际的沙漠里,一个人如果只凭着感觉向前走,他会走出许许多多、大小不一的圆圈,最后的足迹十有八九是一把卷尺的形状。

比塞尔村处在浩瀚的沙漠中间,方圆上千公里,没有指南针,想走出沙漠,确实不可能。

肯·莱文在离开比塞尔时,带了一个叫阿古特尔的青年。他告诉这个青年："只要你白天休息，夜晚朝着北面那颗最亮的星星走，就能走出沙漠。"

阿古特尔照着去做，3 天之后果然来到了大漠的边缘。

肯·莱文和阿古特尔回到了英国，经过一番努力，肯·莱文带着比塞尔人离开了那片贫瘠的土地。可见，人们做什么事都应有一个明确的方向，有方向才能成功。

生活中难免会遇到各种不同的困境，但只要我们怀着一个目标，并朝着目标不断地努力，必定会走出困境。

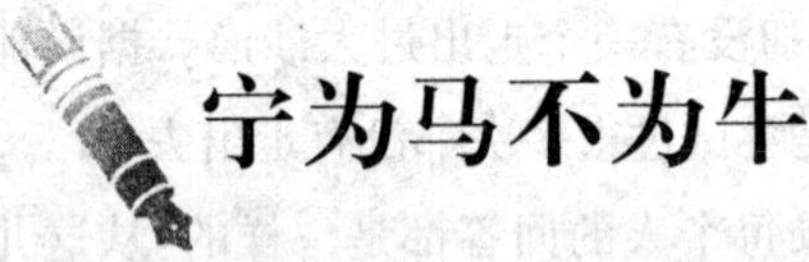

宁为马不为牛

雨　霞

我一直对不爱马的人怀有一点偏见，认为那是由于生气不足和对美的感觉迟钝所造成的，而且这种缺陷很难弥补。有时候读传记，看到有些了不起的人物以牛或骆驼自喻，就有点替他们惋惜，他们一定是没见过真正的马。

在我眼里，牛总是有点落后的象征，一副安贫知命的样子。这大概是由于过分提倡"老黄牛"精神引起的生理反感。骆驼却是沙漠的怪胎，为了适应严酷的环境，把自己改造得那么丑陋畸形。至于毛驴，顶多是个黑色幽默派的小丑，难当大任。它们的特性和模样，都清清楚楚地写着人类对动物的征服，生命对强者的屈服，所以我不喜欢。它们不是作为人类朋友的形象出现的，而是俘虏、仆役。有时候，看到小孩子鞭打牛；高大的骆驼在妇人面前下跪；发情的毛驴被缚在车套里龇牙大鸣，我心里便会产生一种悲哀和怜悯。

那卧在盐车之下哀哀嘶鸣的骏马和诗人臧克家笔下的"老马"，不也是可悲的吗？但是不同。那可悲里含有一种不公，这一层含义在别的畜生中是没有的:在南方,我也见到过矮小的马,样子有些滑稽,但那不是它们的过错。既然橘树有自己的土壤,马当然也有它的故乡了。自古好马生塞北,在伊犁,在巩乃斯大草原,马作为茫茫天地之间的一种尤物,便呈现了它的全部魅力。

那是1970年,我在一个农场接受“再教育”,第一次触摸到了冷酷、丑恶、冰凉的生活实体,不正常的政治气候像潮闷险恶的黑云一样压在头顶上,使人压抑到不能忍受的地步。高强度的体力劳动并不能打击我对生活的热爱,精神上的压抑却有可能摧毁我的信念。

终于,有天夜晚,我和一个外号叫“蓝手”的长着古希腊人脸型的上士一起爬起来,偷偷摸进马棚,解下两匹喉咙里滚动着低鸣的骏马,在冬夜旷野的雪地上奔驰开了。

天低云暗,雪地一片模糊,但是马却不会跑进巩乃斯河里去。雪原右侧是巩乃斯河,形成了沿河一道陡直的不规则土壁,光背的马儿驮着我们在土壁顶上的雪原轻快地小跑,喷着鼻息,四蹄发出嚓嚓的有节奏的声音,最后大颠着狂奔起来。随着马的奔驰、起伏、跳跃和喘息,我们的心情变得开朗、舒展,压抑消失,豪兴顿起,在空旷的雪野上打着呼哨乱喊,在颠簸的马背上感受自由的亲切和驾驭自己命运的能力,是何等的痛快舒畅啊！我们高兴得大笑,笑得从马背上栽下来,躺在深雪里还是止不住地狂笑,直到笑得眼睛里流出了泪水……

那两匹可爱的光背马,这时已在近处缓缓停住,低垂着脖颈,一副歉疚地想说“对不起”的神态,它们温柔的眼睛里仿佛充满了怜悯和抱怨,还有一点诧异,弄不懂我们这两个究竟是怎么了。我拍拍马的脖颈,抚摸一会儿它的鼻梁和嘴唇,它会意了,抖抖马鬃像抖掉疑虑,跟着我们慢慢走回去。一路上,我们谈着马,闻着身后热烘烘的马汗味和四围里新鲜刺鼻的气息,觉得好像不是走在冬夜的雪原上。

马能给人以勇气,给人以幻想,这也不是笨拙的动物所能拥有的。在巩乃斯后来的那些日子里,观察马渐渐成了我的一种艺术享受。

我喜欢看一群马,那是一个马的家族在夏牧场上游移,散乱而有秩序,首领就是那里面一眼就望得出的种公马,它是马群的灵魂,作为这群马的首领当之无愧，因为它的确是无与伦比的强壮和美丽，匀称高大，毛色闪闪发光。最明显的特征是颈上披散着垂直的长鬃，有的浓黑，流泻着力与威严；有的金红，燃烧着火焰般的光彩。它管理和保护着这群牝马和顽皮的长腿短身子马驹儿，目光里保持着父爱般的尊严。

马的这种社会结构中，首领的地位是由强者在竞争中确立的，任何一匹马都可以争雄，通过追逐、撕咬、拼斗，使最强的马成为公认的首领。为了保证这群马的品种不至于退化，就不能搞“指定”，也不能看谁和种公马的关系好，也不能凭血缘关系接班。

唉，天似穹庐，笼盖四野，在巩乃斯草原度过的那些日子里，我与世界隔绝，生活单调；人与人互相警惕，唯恐因失一言而遭灭顶之祸，心灵寂寞。只有一个乐趣——看马。好在巩乃斯草原马多，不像书可以被焚，画可以被禁，知识可以被践踏，马总不至于被驱逐出境吧？这样，我就从马的世界里找到了奔驰的诗韵，辽阔草原的油画，夕阳落照中兀立于荒草的群雕，大规模转场时铺散在山坡上的好文章，熊熊篝火边的通宵马经，毡房里悠长喑哑的长歌在烈马苍凉的嘶鸣中展开，醉酒的青年哈萨克在群犬的追逐中纵马狂奔，东倒西歪地俯身鞭打猛犬，使我蓦然感受到生活不朽的壮美和那时潜藏在我们心里的共同忧郁……

哦，巩乃斯的马，给了我一个多么完整的世界！凡是那时被取消的，你都重新又给予了我！弄得我直到今天听到马蹄踏过大地的有力声响时，就在屋子里坐卧不宁，总想去看看，是一匹什么样儿的马走过去了。而且我还听不得马嘶，一听到那铜号般高亢、鹰叫般苍凉的声音，我就热血陡涌，热泪盈眶，大有战士出征走上古战场，“风萧萧兮易水寒”的悲壮之慨。

有一次我碰上巩乃斯草原夏日迅疾猛烈的暴雨，那雨来势之快，可以使悠然在晴空盘旋的孤鹰都来不及躲避而被击落。雨脚之猛，竟能把牧草覆盖的原野一瞬间打得烟尘滚滚，就在那场短暂暴雨的抽打下，我见到了最壮阔的群马奔跑的场面。仿佛分散在所有山谷里的马都被赶到这儿来了，好家伙，被暴雨的长鞭抽打着，被低沉的怒雷恐吓着，被刺进大地倏忽消逝的闪电激奋着，马，这不肯安分的生灵从无数谷口、山坡涌出来，山洪奔泻似的在这原野上汇聚了，小群汇成大群，大群在运动中扩展，成为一片喧叫、纷乱、快速移动的集团冲锋场面！争先恐后，前呼后应，披头散发，淋漓尽致！有的疯狂地向前奔驰，像一队尖兵，要去踏住那闪电；有的来回奔跑，忙乱得像临危不惧、收拾残局的大将；小马跟着母马认真而紧张地跑，不再顽皮、撒欢，一下子变得老练了许多。牧人在不可收拾的潮水中被挟裹，他大喊大叫，却毫无声响，他的喊声就像一块小石片扔进奔腾喧嚣的大河。

雄浑的马蹄声在大地奏出鼓点，悲怆苍劲的嘶鸣、叫喊在拥挤的空间碰撞、飞溅，划出一条条不规则的曲线，扭住、缠住漫天雨网，和雷声、雨声交织成惊心动魄的大舞台。而这一切，都在飞速移动中展现，几分钟后，马群消失，暴雨停歇，你再也看不见了。

我久久地站在那里，发愣、发痴、发呆。我见到了，见过了，这世间罕见的奇景，这无可替代的伟大马群，这古战场的再现，这交响乐伴奏下的复活的雕塑群和油画长卷！我把这几分钟间见到的记在脑子里，相信，它所给予我的将使我终身受用不尽……

马就是这样，它奔放有力却不让人畏惧，毫无凶暴之相；它优美柔顺却不任人随意欺凌，并不懦弱。我说它是进取精神的象征，是崇高感情的化身，是力与美的巧妙结合，恐怕也并不过分。屠格涅夫有一次在他的庄园里说托尔斯泰“大概您在什么时候当过马”，因为托尔斯泰不仅爱马、写马，并且坚信“这匹马能思考，并且是有感情的”。它们和历史上的那些伟大人物、民族英雄一起被铸成铜像屹立在最醒目的地方。

过去我只认为，只有《静静的顿河》才是马的史诗，离开巩乃斯之后，我不这么看了。瞧瞧我们巩乃斯的良种马吧，这些古人称之为骐骥、称之为汗血马的英气勃勃的后裔们，日出而撒欢，日入而哀鸣。它们好像永远是这样散漫而又有所期待，这样原始而又有感知，这样不假雕饰而又优美，这样我行我素而又不会被世界所淘汰。成吉思汗的铁骑作为一个兵种已经消失，六根棍马车作为一种代步工具也已被淘汰，但是马却不会被什么新玩意儿取代，它有它的价值。

牛从实用变为食用，仍然是实用物；毛驴和骆驼将会成为动物园里的展览品，因为它们只会越来越稀少。而马，车辆只是在实用意义上取代了它，解放了它，它从实用物进化为一种艺术品的时候恰恰开始了。

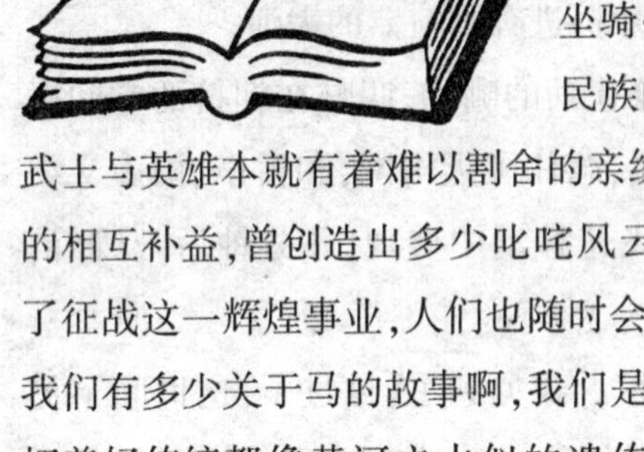

值得自豪的是，我们中国有好马。从秦始皇的兵马俑、铜车马到唐太宗的六骏，从马踏飞燕的奇妙构想到大宛汗血马的美妙传说，从关云长的赤兔马到朱德总司令的长征坐骑……纵览马的历史，还会发现它和我们民族的历史紧密相连着。这也难怪，骏马与武士与英雄本就有着难以割舍的亲缘关系，彼此作用的相互发挥、彼此气质的相互补益，曾创造出多少叱咤风云的壮美形象！纵使有一天马终于脱离了征战这一辉煌事业，人们也随时会从军人的身上发现马的神韵和遗风的。我们有多少关于马的故事啊，我们是十分爱马的民族。至今，如同我们的一切美好传统都像黄河之水似的遗传下来那样，我们的历代名马的筋骨、血脉、气韵、精神也都遗传下来了。那种“龙马精神”，就在巩乃斯的良种马身上。

马，不像牛一样只知道埋头苦干，却不抬头看路。马身上有种拼搏精神，那是牛所不具有的。人要像马一样，朝着前方的梦想，一路奔跑。